골때리는 뇌과학

국립부산과학관

숨겨진 뇌의 세계를 밝혀내는 새로운 여정

골때리는 뇌과학

2025 국립과학관법인 공동특별전 기획도서

뇌 여행을 시작하면서

    우리의 하루는 아침에 눈을 뜨면서부터 시작돼요. 밥을 먹고, 공부하고, 가족이나 친구와 이야기를 나누기도 해요. 어제 있었던 일도 잘 기억하고, 오늘 날씨에 따라 어떤 옷을 입을지 고민도 하지요. 때로는 기뻐하거나 슬퍼하기도 해요.

    이처럼 일상의 모든 순간에 일어나는 이러한 신체적·정신적 현상들은 바로 머릿속 '뇌'와 관련되어 있어요.

    눈을 뜨는 아침부터 잠드는 밤까지, 우리의 뇌는 단 한 순간도 쉬지 않고 활동하지요. 뇌는 우리의 기억과 신체활동뿐만 아니라, 감정과 상상, 그리고 그 이상의 것을 모두 총괄하고 있기에, 과학자들은 뇌를 마치 작은 우주와 같다고 말하기도 한답니다.

    머릿속 크기만큼 작지만, 우주처럼 신비로운 뇌!
지금 이 순간에도 우리 뇌는 어떤 활동을 하고 있을까요?

    <골때리는 뇌과학>은 바로 이 호기심에서 시작된 전시입니다. 뇌의 세계를 쉽고 재미있게 탐험하고 일상과 건강, 우리 사회와 미래에 뇌가 어떤 영향을 끼치는지 다양한 시각에서 들여다봅니다. 이 전시는 국립과학관법인(국립부산·대구·광주과학관)이 함께 기획한 공동특별전으로, 2025년 순회전시로 많은 관람객을 만났습니다.

이 책은 전시의 주요 내용을 어린이 눈높이에 맞추어, 뇌 캐릭터 '뉴오'와 함께 떠나는 이야기 형식으로 구성하였습니다. 뉴오와 함께, 여러분의 뇌가 얼마나 놀라운 존재인지 직접 느껴보세요!

1부 <'똑똑한 뇌(내) 친구를 소개합니다!'>에서는 뇌의 구조와 작동 원리를 알기 쉽게 설명합니다. 뇌의 진화부터 뉴런과 시냅스, 각 영역의 기능까지, 복잡한 뇌를 하나씩 탐험하는 여정이 펼쳐집니다.

2부 <'왜 그럴까? 뇌에게 물어봐!'>에서는 감정과 뇌파, 착각과 인지 편향 등 우리가 느끼는 감정과 일상에서 겪는 다양한 심리 현상을 뇌과학으로 들여다봅니다.

3부 <'지켜요, 뇌건강! 궁금해요, 뇌로 보는 미래!'>에서는 뇌의 발달과 노화 과정, 뇌건강 관리부터 인공지능과 뇌와 컴퓨터의 융합 기술(BCI), 뇌 오가노이드와 인공지능(AI) 등 뇌과학의 현재와 미래를 소개합니다.

앞으로도 **국립부산과학관**은 다양한 전시와 프로그램을 통해 시민 누구나 과학을 쉽고 즐겁게 경험할 수 있는 장을 마련하겠습니다.
이 책 또한 관람객과 독자 모두에게 즐거운 과학의 순간으로 남길 바랍니다.

2025년 11월
국립부산과학관

**안녕,
나는 뉴오야!**

나를 알진 모르겠지만,
바로 너의 뇌야!

작고 조용하지만,
매일매일 너와 함께
바쁘게 일하고 있어.

말도 없고
눈에 잘 띄지도 않지.

하지만,
네가 걷고, 말하고, 웃고, 울고,
생각할 수 있는 건 전부 내 덕이야.

**혹시
이런 생각 해본 적 있어?**

"수학문제를 풀다가
갑자기 멍~해지는 건 왜일까?"

"나는 왜 갑자기 웃었다가
금방 짜증이 날까?"

이 모든 현상은,
뇌가 바쁘게 일하고 있다는
증거이기도 해.

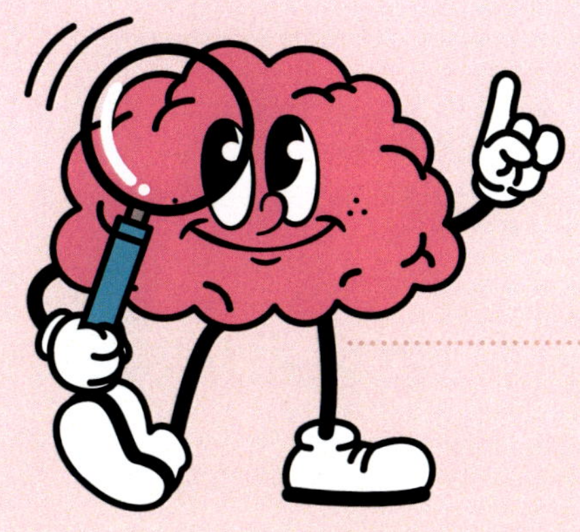

사실은 그보다 훨씬 복잡하고,
훨씬 더 신기한 일이
일어나고 있거든.

내가 어떻게 작동하는지,
왜 감정을 만들고 착각을 하는지,

그리고 미래에는
어떤 뇌가 될 수 있을지를

함께 알아보는
뇌 속 여행을 떠나보지 않을래?

자, 이제 뇌 여행을 떠나보자!
아주 골때리는 탐험이 시작될 거야!

여행 계획표

third trip

20251001

003

골때리는 뇌과학
첫 번째 여행

똑똑한 뇌(내)친구를 소개합니다!

본격적인 뇌과학 여행을 떠나기 전에 잠깐 시간을 뒤로 돌려볼까요? 우리 뇌의 역사를 이해하려면 무려 400만 년 전으로 돌아가야 해요. 어떤 과정을 거쳐 뇌가 커지고 복잡해졌는지 살펴봐요.

약 400만 ~ 300만 년 전 출현한
오스트랄로 피테쿠스 아파렌시스

직립보행을 시작한 최초의 영장류

침팬지와 유사한 뇌 구조

뇌 용량은 약 400cc밖에 되지 않았다.

약 230만~165만 년 전 출현한
호모 하빌리스는 석기를 사용할 줄 알았다.

뇌가 본격적으로 성장하기 시작한 시기.

육식을 처음으로 하기도 했다.

뇌는 600cc 정도

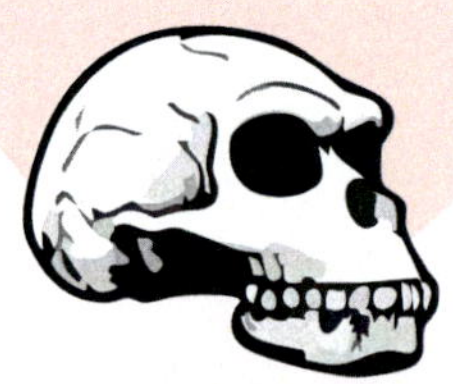

약 200만 년 전에 등장한
호모 에렉투스는 간단한 언어를 사용할 수 있었다.

친구들과 협력하기 시작했고,

더 멀리 여행하기 시작했다,

불을 사용했고, 간단한 언어도 할 수 있었다.

뇌는 약 950cc

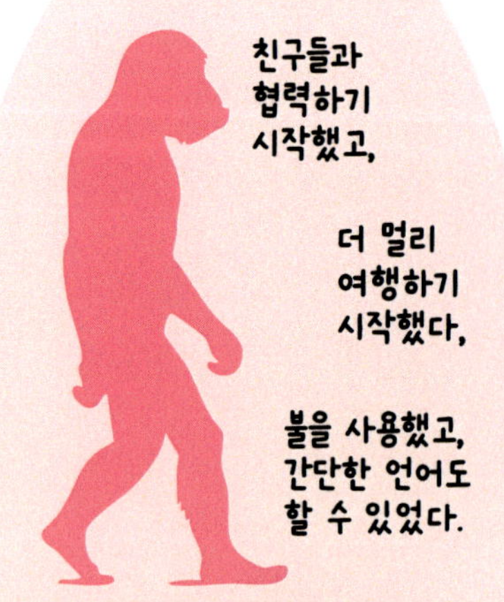

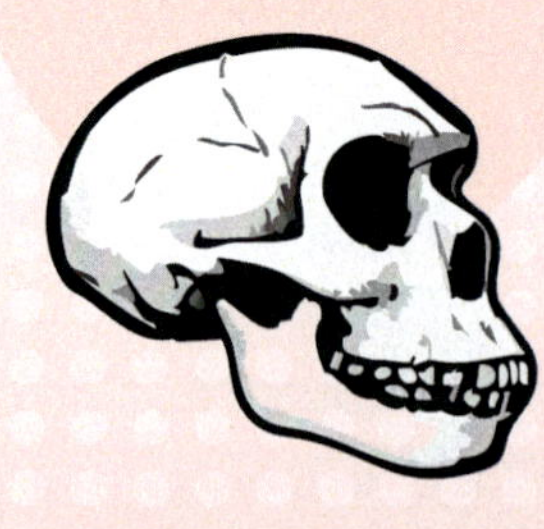

Human Brain Evolution

약 400만 년 전 직립보행을 시작한 오스트랄로 피테쿠스 아파렌시스가 인류의 출발점이에요.
이후 도구를 사용한 호모 하빌리스, 불을 사용한 호모 에렉투스를 거쳐 추상적 사고가 가능한
호모 사피엔스로 진화하면서 뇌의 크기와 구조는 더욱 발달했답니다.
점점 더 복잡한 사고와 사회적 협력이 가능해진 덕분에 인류는 오늘날과 같은 문명을 이뤘어요.

약 40만~ 4만 년 전에 출현한
호모 네안데르탈렌시스

장례를 치른 흔적이 화석 곳곳에서 보이기도 한다.

예쁘게 치장할 줄도 알았다.

하지만 오늘날에는 보이지 않는다.

뇌가 1500cc나 되어서 현대 인류와 거의 동일한 지능과 문화를 갖추었다.

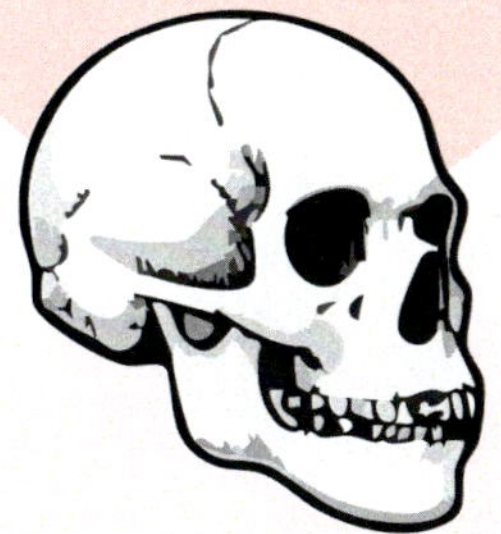

약 30만 년에 출현해 지금까지 살고 있는
호모 사피엔스

고차원적 인지와 추론 능력을 지니고 있고,

유일하게 현존하는 인류

아프리카에서 등장해 다른 인류 종들과 경쟁하며 살아남았다.

다양한 문화와 기술 개발이 가능했기에 지금까지 살아 남았을 수 있었다.

약 1400cc의 뇌 용량

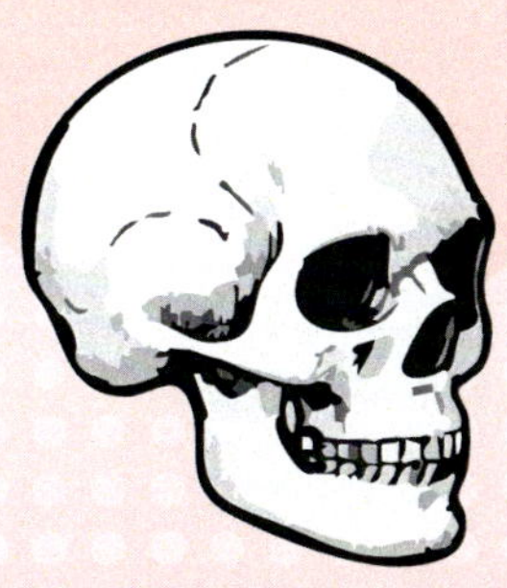

브레인 히어로즈

뇌를 향한 궁금증은 아주 오래 전부터 이어져 왔어요. 뇌의 비밀을 밝히려는 여기 영웅들이 깊이 추론하고 상상한 덕분에 오늘날 우리가 뇌를 더욱 이해할 수 있게 되었어요.

데카르트
1596~1650

"나는 생각한다,
그러므로 나는 존재한다."

근대철학의 아버지

프랑스 태생의
철학자, 수학자,
물리학자, 생리학자

뇌 안에는
솔방울샘이라는
영혼의 의자가 있으며,

거기서
육체와 영혼이
만난다고 주장했다.

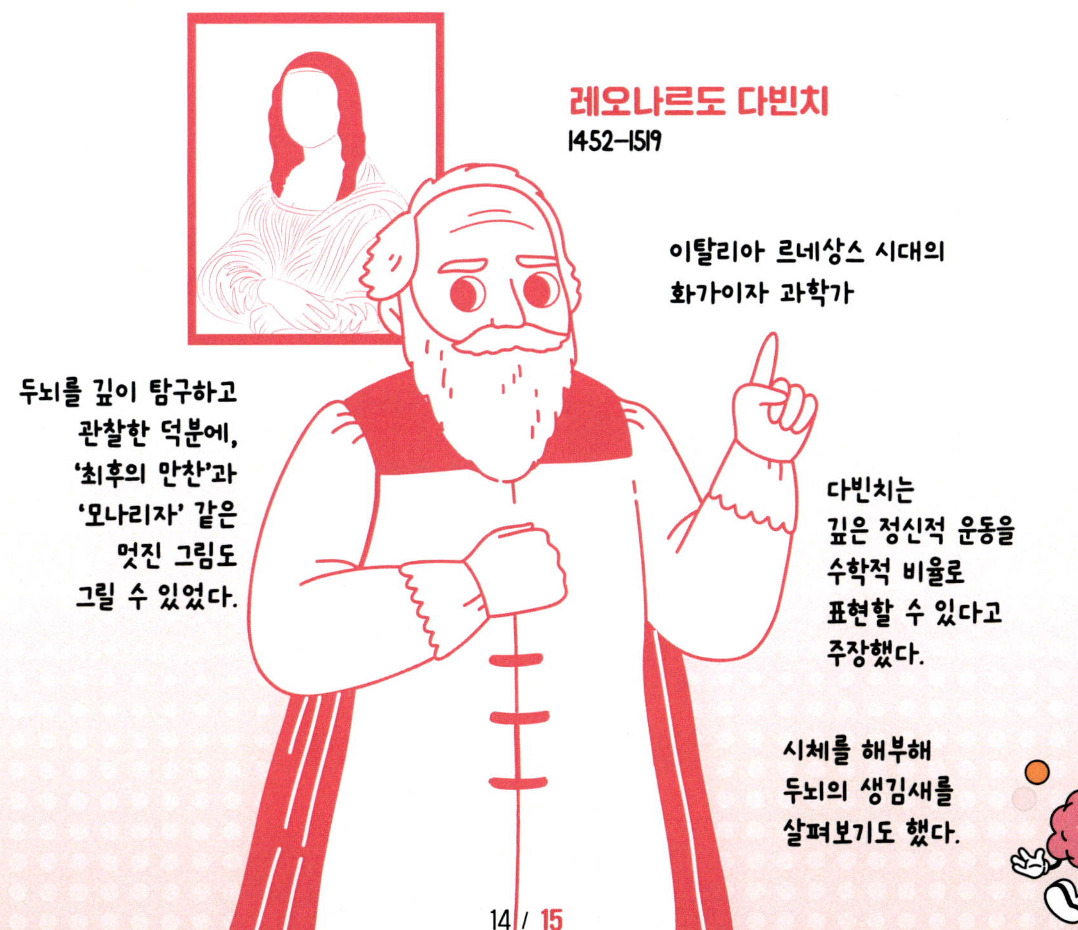

레오나르도 다빈치
1452-1519

이탈리아 르네상스 시대의
화가이자 과학가

두뇌를 깊이 탐구하고
관찰한 덕분에,
'최후의 만찬'과
'모나리자' 같은
멋진 그림도
그릴 수 있었다.

다빈치는
깊은 정신적 운동을
수학적 비율로
표현할 수 있다고
주장했다.

시체를 해부해
두뇌의 생김새를
살펴보기도 했다.

브레인
히어로즈

근대에 접어들면서 뇌를 이해하는 관점은
점차 더 과학적으로 정교해져요.

유명한 일화의 주인공
피니어스 게이지
1823~1860

두개골과 왼쪽 대뇌
전두엽이 손상되어
수술을 할 수 밖에
없었다.

25살,
철도 공사를 하던 중
다이너마이트가 폭발했고,
철 막대기가 왼쪽 뺨을 뚫고
오른쪽 머리 윗부분까지
지나갔다.

신기하게도
수술 후에 성격과
행동이 변했다.

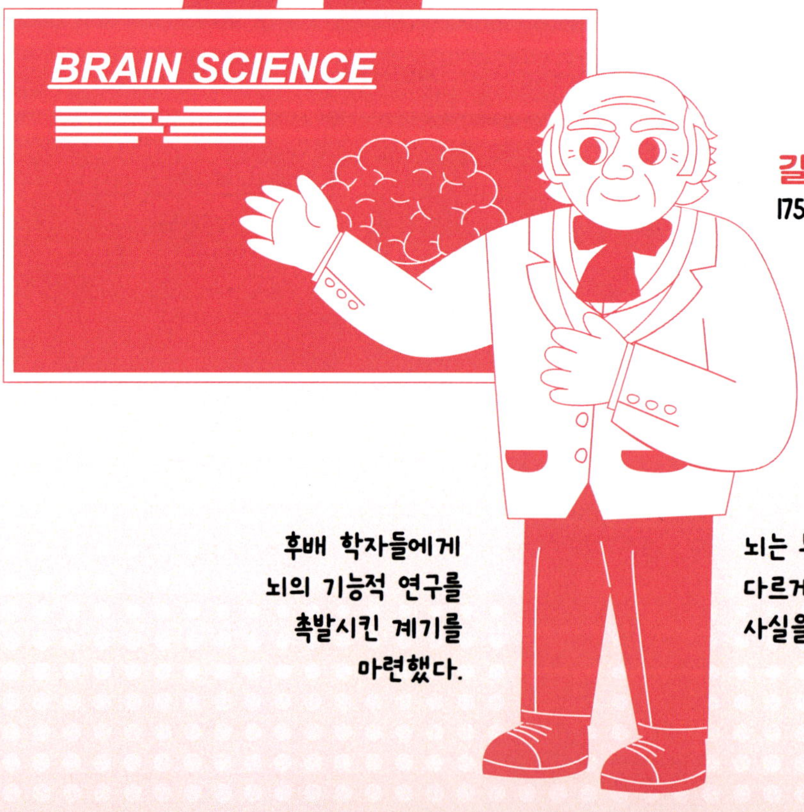

갈
1758~1828

후배 학자들에게
뇌의 기능적 연구를
촉발시킨 계기를
마련했다.

뇌는 부위에 따라
다르게 기능한다는
사실을 개념화했다.

첫 번째 여행 · 똑똑한 뇌(내)친구를 소개합니다!

Brain Heroes

사고로 머리를 다쳐 성격이 달라진 피니어스 게이지의 사례,
뇌 모양을 자세히 관찰한 생리학자 갈과 신경학자 카할,
브로카가 발견한 브로카 영역을 통해 우리 뇌가 특정 기능을 분담
한다는 사실이 밝혀졌어요.
또한 헨리 몰래슨의 수술은 해마가 기억 형성에 매우 중요한 역할
을 한다는 점을 알려주었죠.

뇌전증 환자
헨리 몰래슨
1824~1880

수술로 해마를 포함해
내측 측두엽을 제거했는데,
기억장애가 왔다.

수술 후 새로운 것들을
기억하지 못하고
기억하더라도 금방 까먹었다.

카할
1852~1934

스페인의
신경조직학자, 동시에
현대신경과학의
아버지

뉴런이론으로
1906년
노벨생리학상을
수상했다.

브로카
1824~1880

프랑스 외과의사

해부학자이며
인류학자

언어 생성을 제어하고
말을 하는 기능을 담당하는
브로카 영역을 밝혀냈다.

아주 특별한 아침 모임이 열리네요.
노벨 생리의학상 수상자들이 한자리에 모인 '브레인 브런치'!
과연 어떤 재미난 뇌 이야기를 주고받을까요?

Brain Brunch

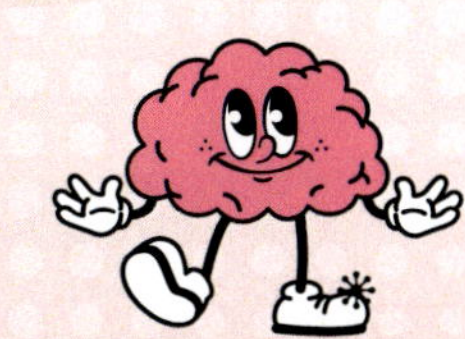

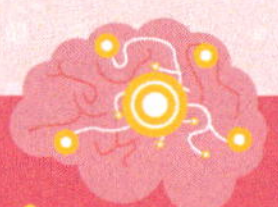

뇌의 구조

이제 뇌 속 지도를 펼쳐볼 시간이에요.
대뇌, 소뇌, 간뇌⋯ 층층이 나뉜 뇌의 방들은
제각기 어떤 역할을 맡을까요?
구조를 알면 뇌가 더 친근하게 다가올 거예요.

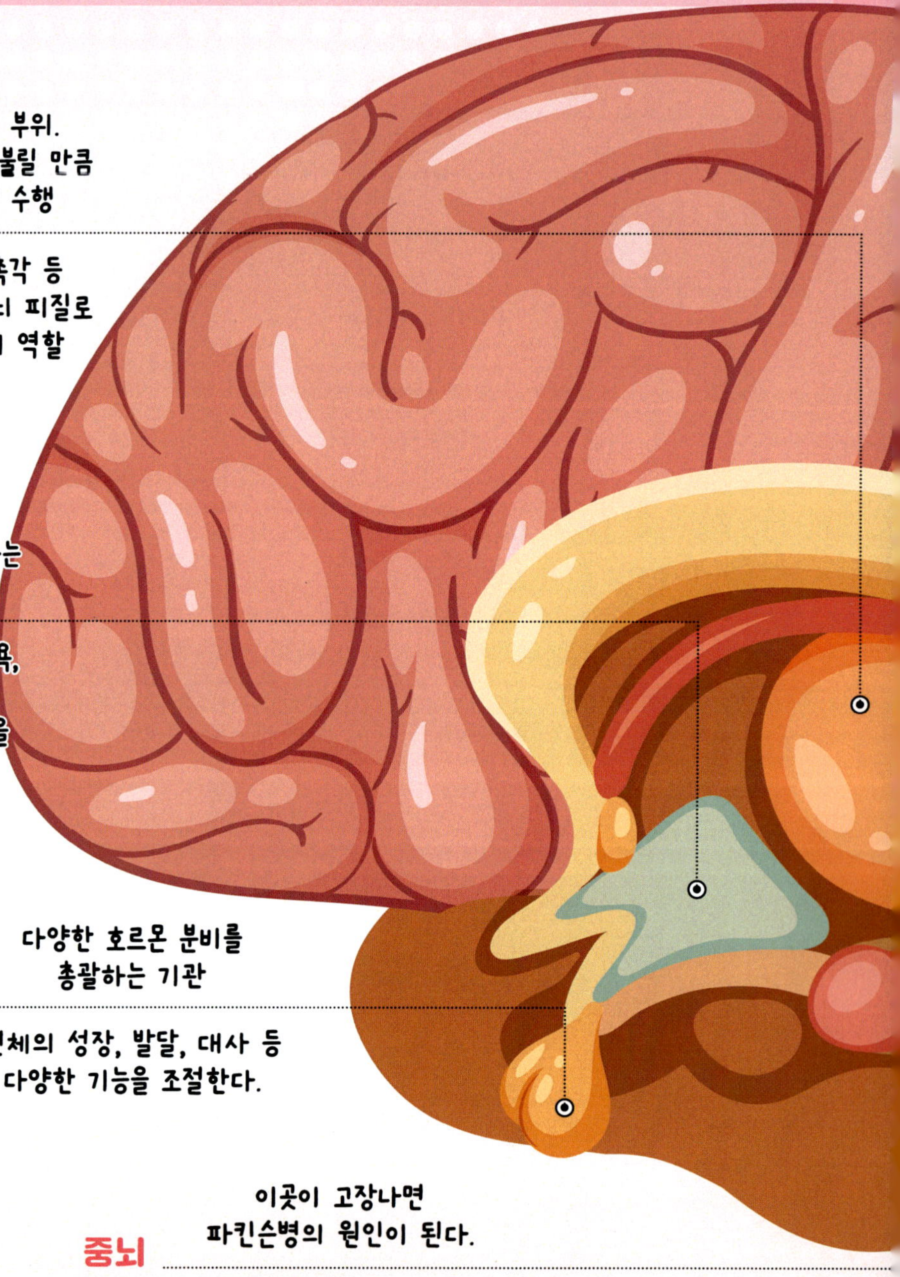

시상
Thalamus

달걀 모양의 부위.
'뇌 속의 뇌'로 불릴 만큼
중요한 역할 수행

시각, 청각, 촉각 등
감각 정보를 대뇌 피질로
전달하는 중계 역할

시상하부
Hypothalamus

생체 리듬을 유지하는
생체시계

체온, 수분 균형, 식욕,
수면, 감정 등
다양한 생리 기능을
조절하는 역할

뇌하수체
Hypophysis

다양한 호르몬 분비를
총괄하는 기관

신체의 성장, 발달, 대사 등
다양한 기능을 조절한다.

중뇌
Midbrain

이곳이 고장나면
파킨슨병의 원인이 된다.

몸의 균형을 유지하고
안구 운동, 홍채조절과 같은
시각 반사와 청각 반사에
관여한다.

Brain Structure

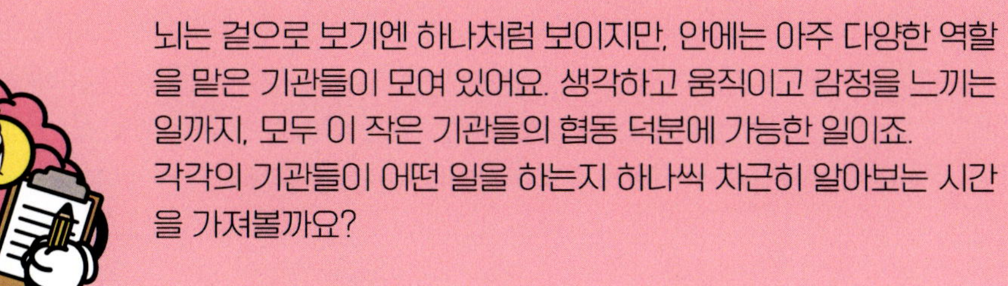

뇌는 겉으로 보기엔 하나처럼 보이지만, 안에는 아주 다양한 역할을 맡은 기관들이 모여 있어요. 생각하고 움직이고 감정을 느끼는 일까지, 모두 이 작은 기관들의 협동 덕분에 가능한 일이죠.
각각의 기관들이 어떤 일을 하는지 하나씩 차근히 알아보는 시간을 가져볼까요?

뇌의 가장 큰 부분을 담당

감각, 운동, 사고, 기억, 언어 등 다양한 기능을 담당한다.

대뇌
Cerebrum

좌우 두 개의 반구로 나뉘며 각 반구는 다시 여러 엽으로 구분되는데, 각 엽들이 제각기 역할을 맡아 복잡한 뇌 기능을 수행한다.

소뇌
Cerebellum

대뇌 아래에 있다.

움직임의 균형과 정밀성을 조절한다.

걷기, 달리기, 글쓰기 등에서 근육 움직임을 세밀하게 조율해 부드럽고 정확히 유지시킨다.

여기가 손상되면 몸이 떨리고 비틀거리는 운동 실조가 나타난다.

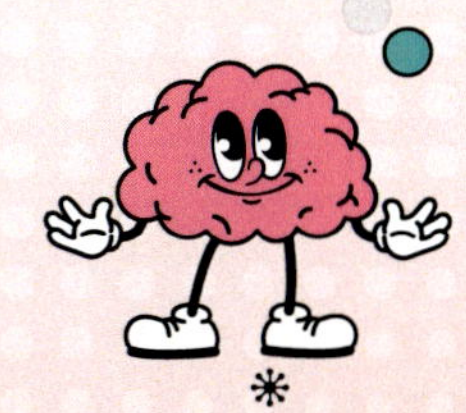

와작와작 대뇌탐험

다음 정류지는 뇌의 핵심 구역, 대뇌입니다!
함께 대뇌 구석구석을 살펴보며,
우리 뇌 속 일상 생활이 어떻게
이루어지는지 탐험해봐요.

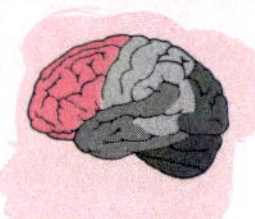

인간다움을 완성하는
전두엽(이마엽)

인간의 가장 큰 특징은
이성적이고 논리적인 사고,
자기 자신을 인식하는 능력, 반성
할 줄 아는 사고력에 있어요.
전두엽(Frontal Lobe)은
대뇌겉질에서 이러한 고차원적인
인지 기능을 담당하는 부위예요.
바로 이 영역이 사람을 사람답게
만든다고 할 수 있죠!

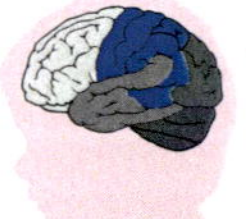

감각과 공간을 이해하는
두정엽(마루엽)

두정엽(Parietal Lobe)은 우리 뇌
의 위쪽에서 뒤쪽까지 넓게 분포
하는 중요하고 복잡한 부위예요.
촉각, 공간 감각, 신체 인식 등을
담당하는 이곳은 글쓰기와 같은
언어 기능뿐만 아니라 계산 능력,
좌우 구분, 방향 감각 등을 관장
하는 지각 기능에도 중요한 역할
을 해요.

예를 들어 눈을 감고도 손끝으로
물건의 모양을 느끼거나, 몸의
어느 부분이 아픈지 정확히 알 수
있는 건 두정엽 덕분이에요.

첫 번째 여행 · 똑똑한 뇌(내)친구를 소개합니다!

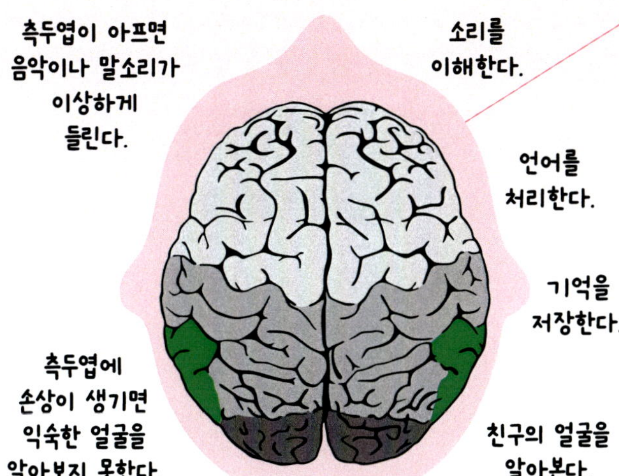

기억과 학습을 담당하는
측두엽(관자엽)

새로운 정보를 기억하고 학습하는 능력은 인간에게 매우 중요한 인지 기능 중 하나예요. 이 기능은 측두엽(Temporal Lobe) 안쪽에 위치한 해마가 담당하고 있답니다!
하지만, 해마가 알츠하이머병 등으로 손상되면, 새로운 기억을 제대로 저장하지 못하고 예전 기억을 마치 최근에 있었던 일처럼 혼동하는 등의 증상을 겪게 돼요.

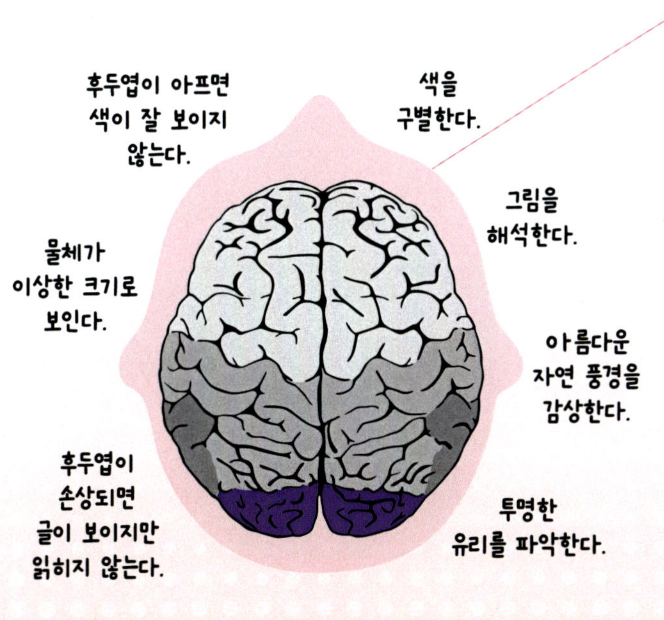

시각 정보를 처리하는
후두엽(뒤통수엽)

후두엽(Occipital Lobe)은 시각 정보를 처리하는 중심적인 부위로, 뇌의 가장 뒤쪽에 위치하며 일차 시각 피질이 포함되어 있어서 눈을 통해 들어온 시각 자극을 해석하는 데 중요한 역할을 한답니다.
안구나 시신경에 문제가 없어도 후두엽이 손상되면 시각 장애가 발생할 수 있어요. 뒤통수를 강하게 부딪힐 때 잠시 눈앞이 번쩍이는 느낌이 드는 것도, 후두엽이 자극을 받았기 때문이에요.

뇌의 신호배달부, 뉴런

이제 눈에 보이지 않는 세계로 들어가 볼까요?
뇌 속에서 가장 바삐 움직이는 친구를 소개합니다.
뇌의 구석구석을 달리며 신호를 나르는 전기배달
전문가, 뉴런이죠! 함께 따라와 볼래요?

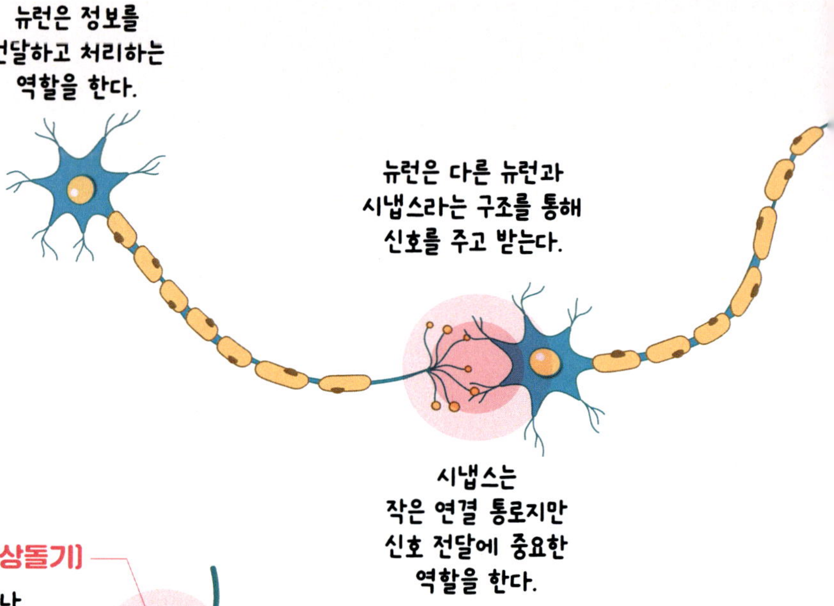

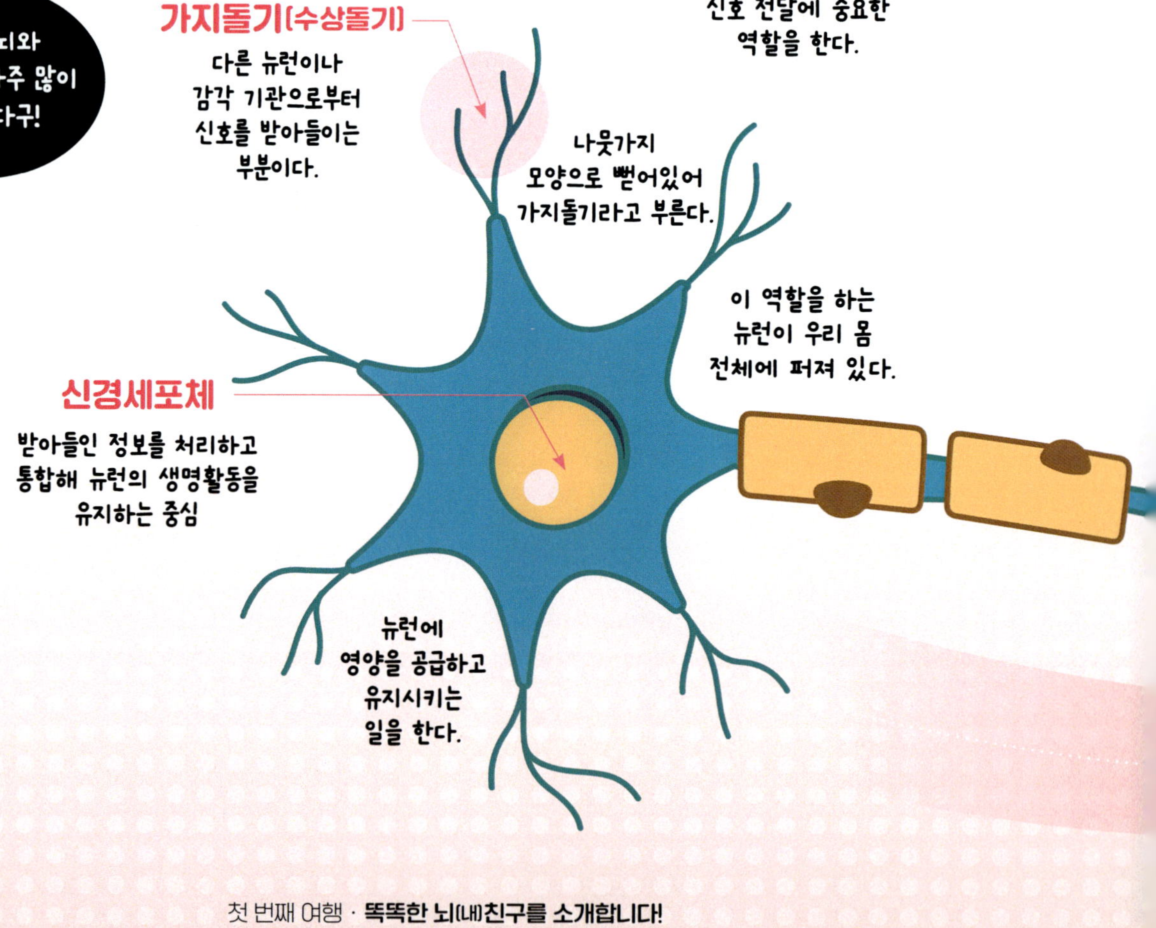

뉴런(신경세포)은 신경계를 이루는 기본 단위 세포입니다.
감각, 사고, 기억, 움직임 등 신경계의 모든 기능은 뉴런의 활동으로 이루어지죠.
뉴런은 가지돌기(수상돌기) → 세포체 → 축삭 → 축삭 말단 → 시냅스의 순서로
정보를 주고받아요.
즉 우리가 느끼고 생각하고 말하고 움직이는 모든 활동을 조율한답니다.

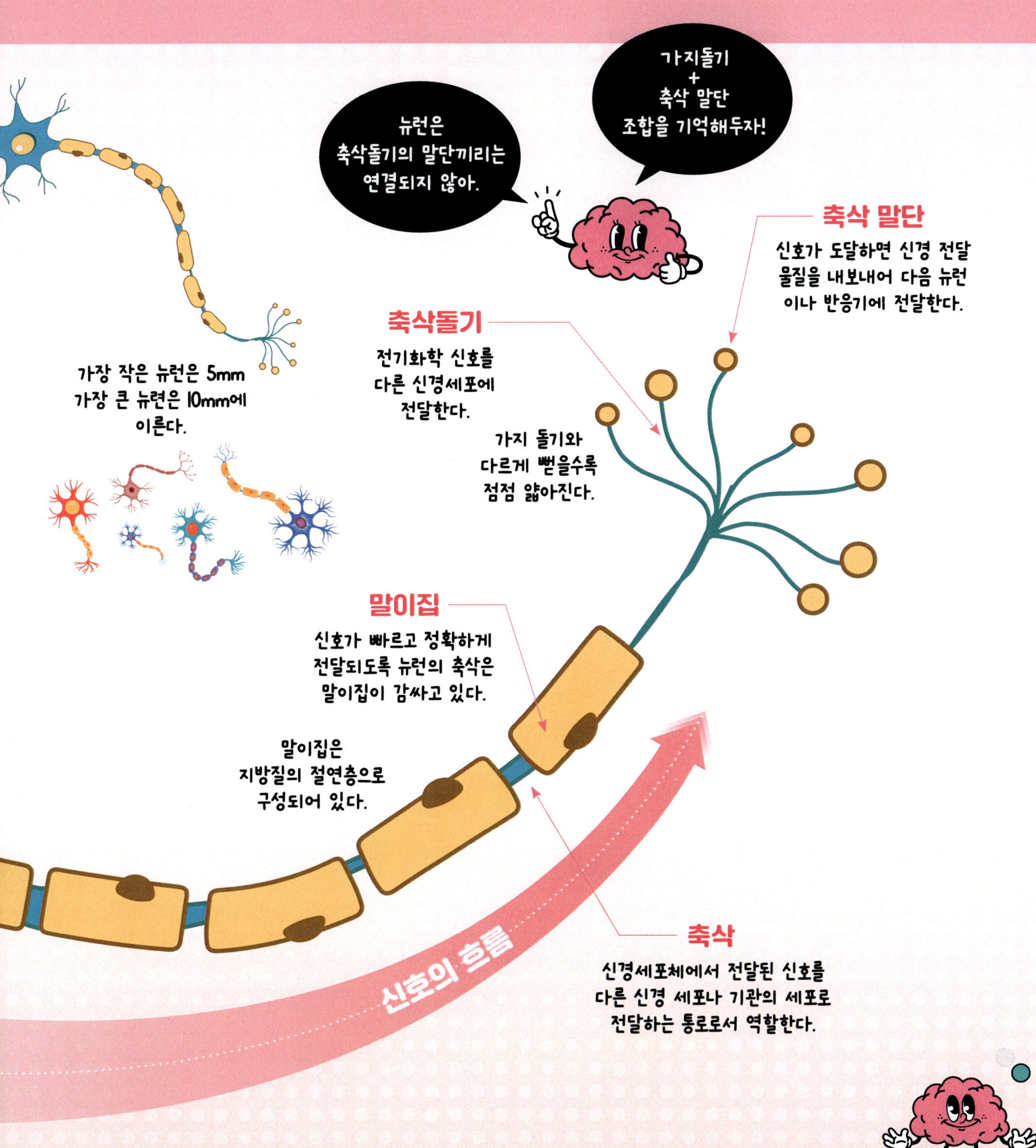

뇌의 신호배달부, 뉴런

주변에서 정보를 탐지해 뇌로 전달하는 탐정, 감각 뉴런.
뇌의 명령을 근육으로 전달하는 지휘자, 운동 뉴런.
감각과 운동 뉴런을 이어주는 통신사, 중간 뉴런.
뉴런의 여러 유형을 함께 알아볼까요?

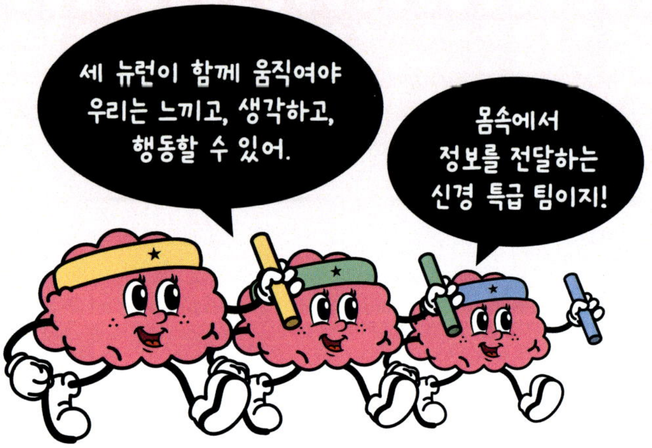

감각 뉴런
Sensory Neuron

감각 뉴런은 눈, 귀, 피부 등
감각기관에서 받은
정보를 뇌와 척수로
전달해요.
예를 들어, 뜨거운 물체를
만졌을 때 "앗! 뜨거워!"
하고 느끼게 해주는 게
바로 감각 뉴런이죠.

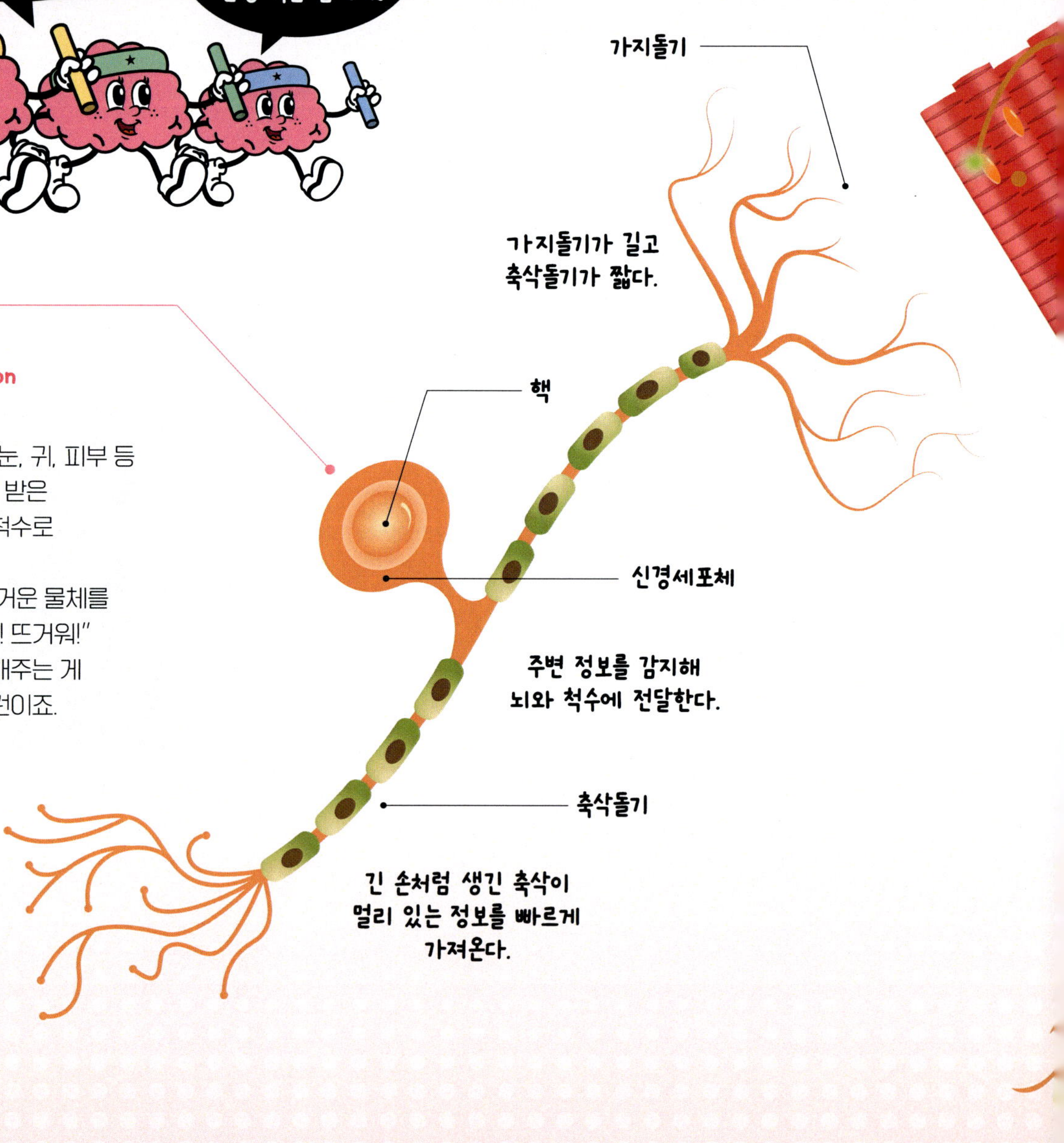

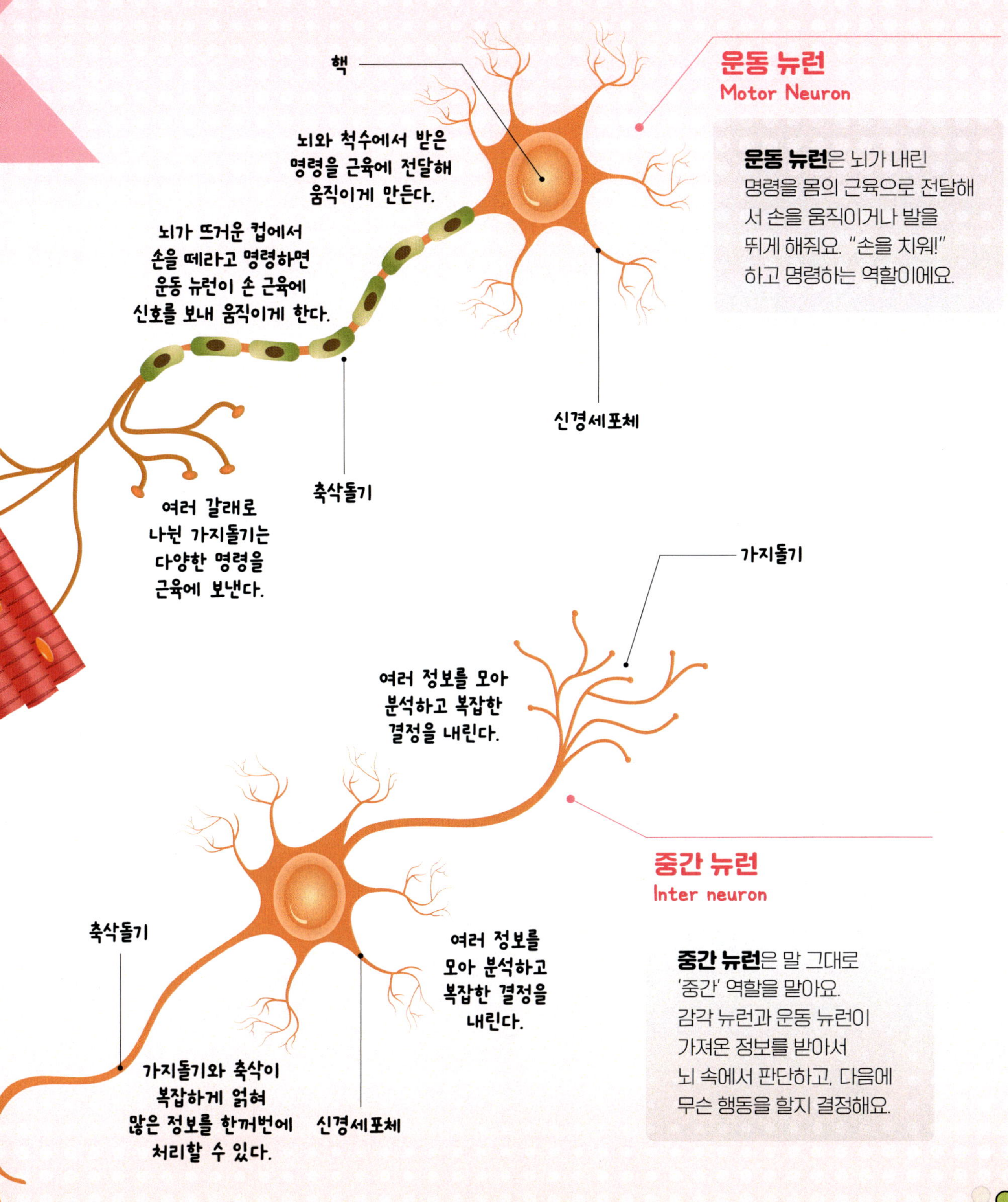

운동 뉴런
Motor Neuron

운동 뉴런은 뇌가 내린
명령을 몸의 근육으로 전달해
서 손을 움직이거나 발을
뛰게 해줘요. "손을 치워!"
하고 명령하는 역할이에요.

중간 뉴런
Inter neuron

중간 뉴런은 말 그대로
'중간' 역할을 맡아요.
감각 뉴런과 운동 뉴런이
가져온 정보를 받아서
뇌 속에서 판단하고, 다음에
무슨 행동을 할지 결정해요.

뉴런의
신호 전달 이야기

이번에는 전기와 화학의 협동 작전,
뉴런의 신호 전달 과정을 직접 들여다볼 거예요.
눈 깜짝할 사이 오가는 정보들 속에서,
뇌가 얼마나 빠르게 움직이는지 살펴봐요.

전기적 신호 : 활동 전위

뉴런 내부에서 일어나는 전기적 신호

전기적 신호는 뉴런의 세포막 내부에서 발생해요. 자극을 받으면 뉴런 안팎의 전하 균형이 깨지며 전위 차이가 생기고, 이 전압 변화가 전기 신호의 시작이 되는 거예요.

평소 뉴런은 안쪽에 음(−)전하가 많고, 바깥쪽은 양(+)전하가 많은 '분극(polarization)' 상태를 유지해요. 뉴런이 전기 신호를 만들고자 기본적으로 전위를 나눈다는 뜻이죠. 그러다가 자극이 들어오면 이 균형이 흐트러지면서 전기적 활동이 시작되는 거예요.

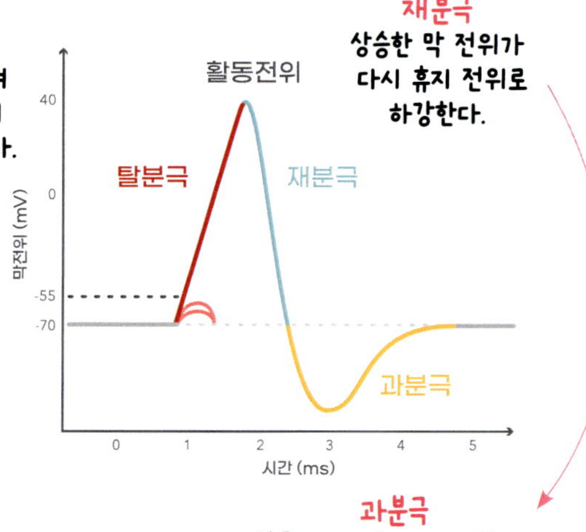

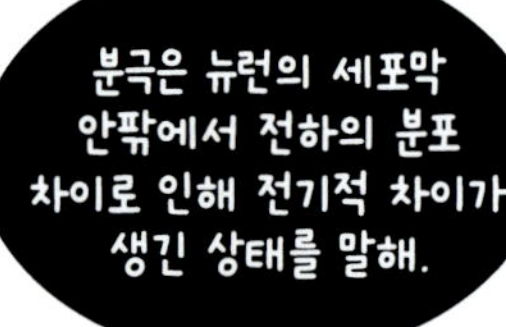

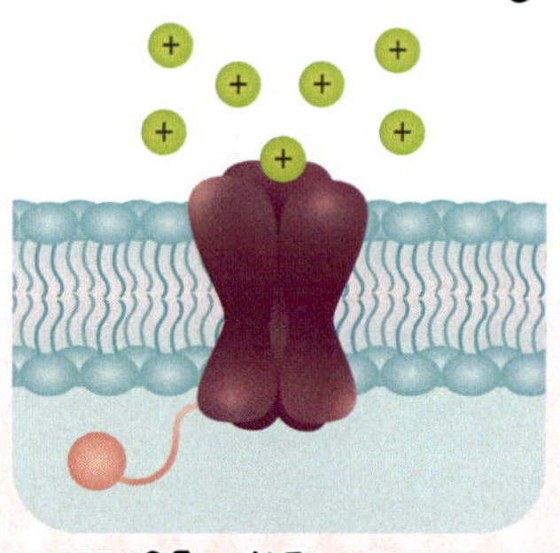

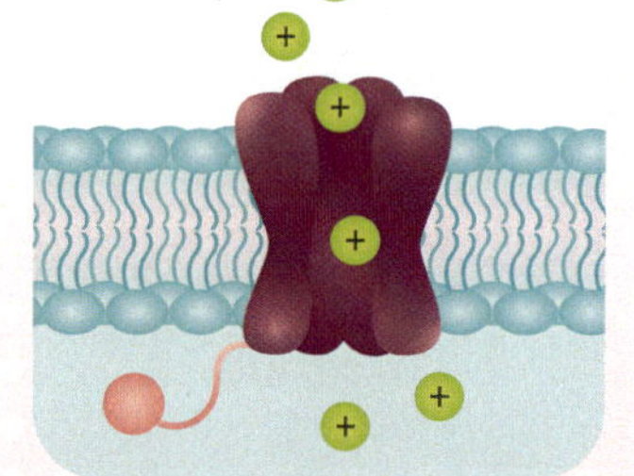

이온들이 한곳에 모이고
막 전위에 변화가
생기기 시작한다.

전기장에 의해 채널 단백질의
구조가 바뀌고, 이온이 통과할 수
있도록 채널이 열린다.

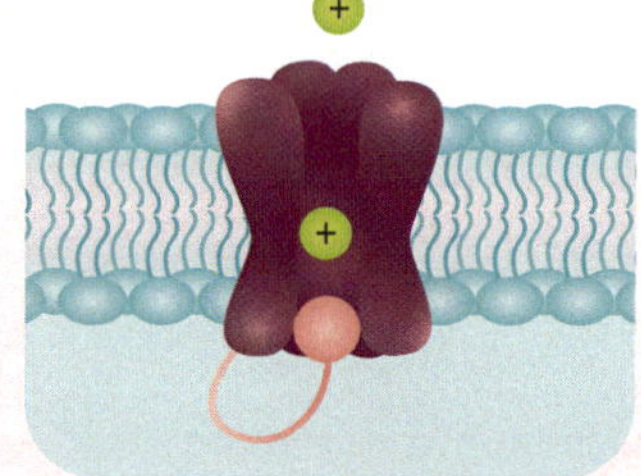

채널이 열린 직후, 채널에 연결된
공(ball)과 사슬(chain) 구조가 안쪽
으로 말리며 공이 이온 통로를 막는다.

Neuron

우리 몸은 놀랍게도 전기와 화학 신호를 이용해 정보를 빠르게 주고받아요.
그 중심에는 바로 뉴런이 있죠! 뉴런은 다음과 같은 여섯 단계 과정을 거쳐 정보를 전달해요.
이 과정을 통해 우리의 감각, 생각, 움직임이 빠르게 이어지는 거예요!

자극	정보처리	전기신호 생성	전위활동	화학신호 변화	시냅스 전달
감각 기관이나 다른 뉴런에서 신호를 받는다.	수용한 자극을 세포체가 해석하고 정리한다.	자극에 따라 뉴런 안에서 전기 신호가 만들어진다.	전기 신호가 축삭을 따라 빠르게 이동한다.	축삭 말단에서 신호가 화학 물질로 바뀐다.	신경전달물질이 시냅스를 건너 다음 뉴런에 신호를 보낸다.

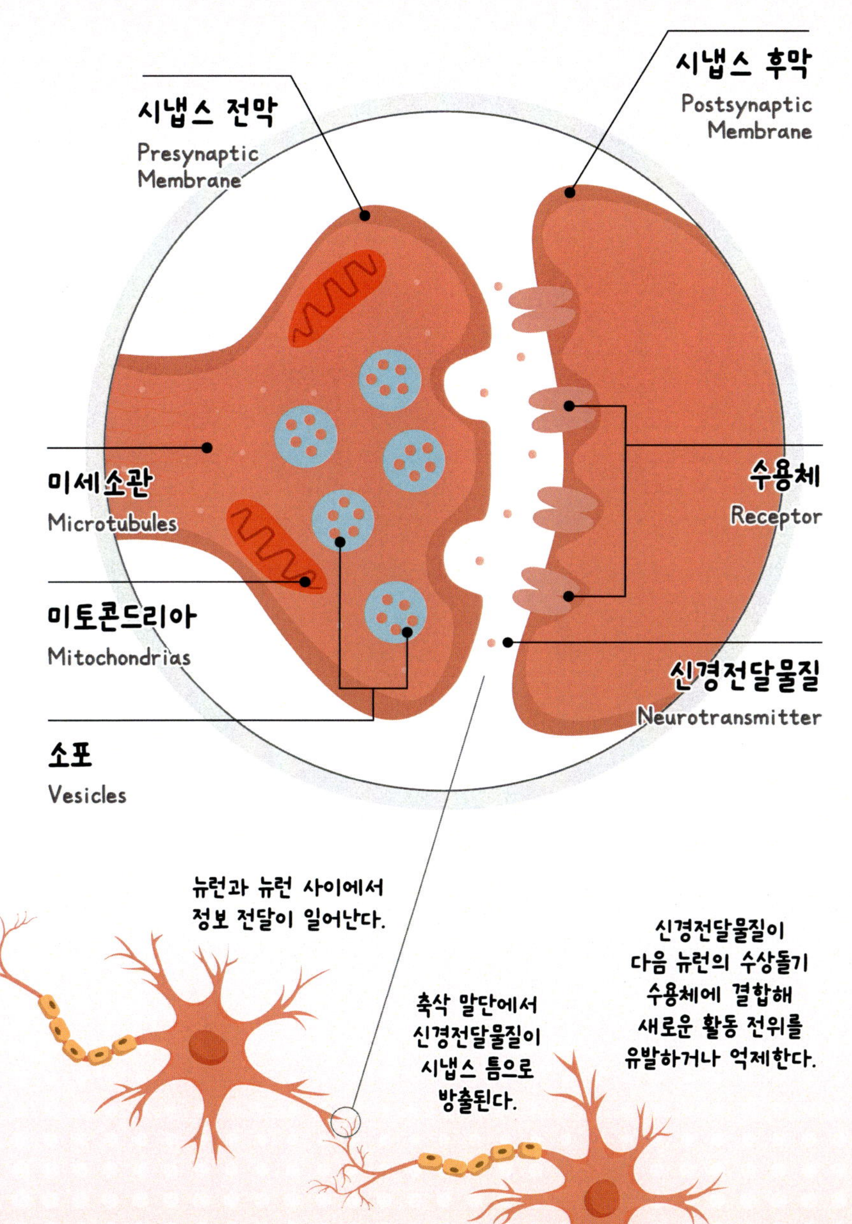

뉴런과 뉴런 사이에서 정보 전달이 일어난다.

축삭 말단에서 신경전달물질이 시냅스 틈으로 방출된다.

신경전달물질이 다음 뉴런의 수상돌기 수용체에 결합해 새로운 활동 전위를 유발하거나 억제한다.

화학적 신호 : 시냅스 전달

뉴런과 뉴런 사이에서, 화학적 신호

뉴런이 전기 신호를 만들어 끝까지 전달하면, 그 신호는 시냅스라는 틈을 지나 다음 뉴런으로 이어져야 해요. 그런데 시냅스 사이에는 직접 닿는 구조가 아니라 아주 얇은 틈이 있기 때문에, 여기서는 전기 신호 대신 화학적 신호가 필요합니다. 이때 뉴런의 끝부분에서 화학 물질이 분비되어 시냅스 틈을 가로질러 다음 뉴런의 수용체에 닿아요. 그러면 다시 전기적 신호로 바뀌어 다음 뉴런의 활동이 시작되는 거죠. 이렇게 뉴런과 뉴런 사이에서는 화학적 소통이 이루어지며, 감정이나 기억, 행동 등 다양한 뇌 활동이 조절된답니다.

브레인 올림픽

이번에는 뇌 능력 대회가 열리는 브레인 올림픽 경기장으로 안내할게요!
동물들의 뇌 크기와 대뇌화지수*를 비교해보며, 어떤 동물이 얼마나 똑똑한지 알아보는 신나는 경기예요.

* EQ(Encephalization Quotient) : 동물의 뇌 크기와 체중을 비교하여 인지 능력을 상대적으로 나타내는 지표

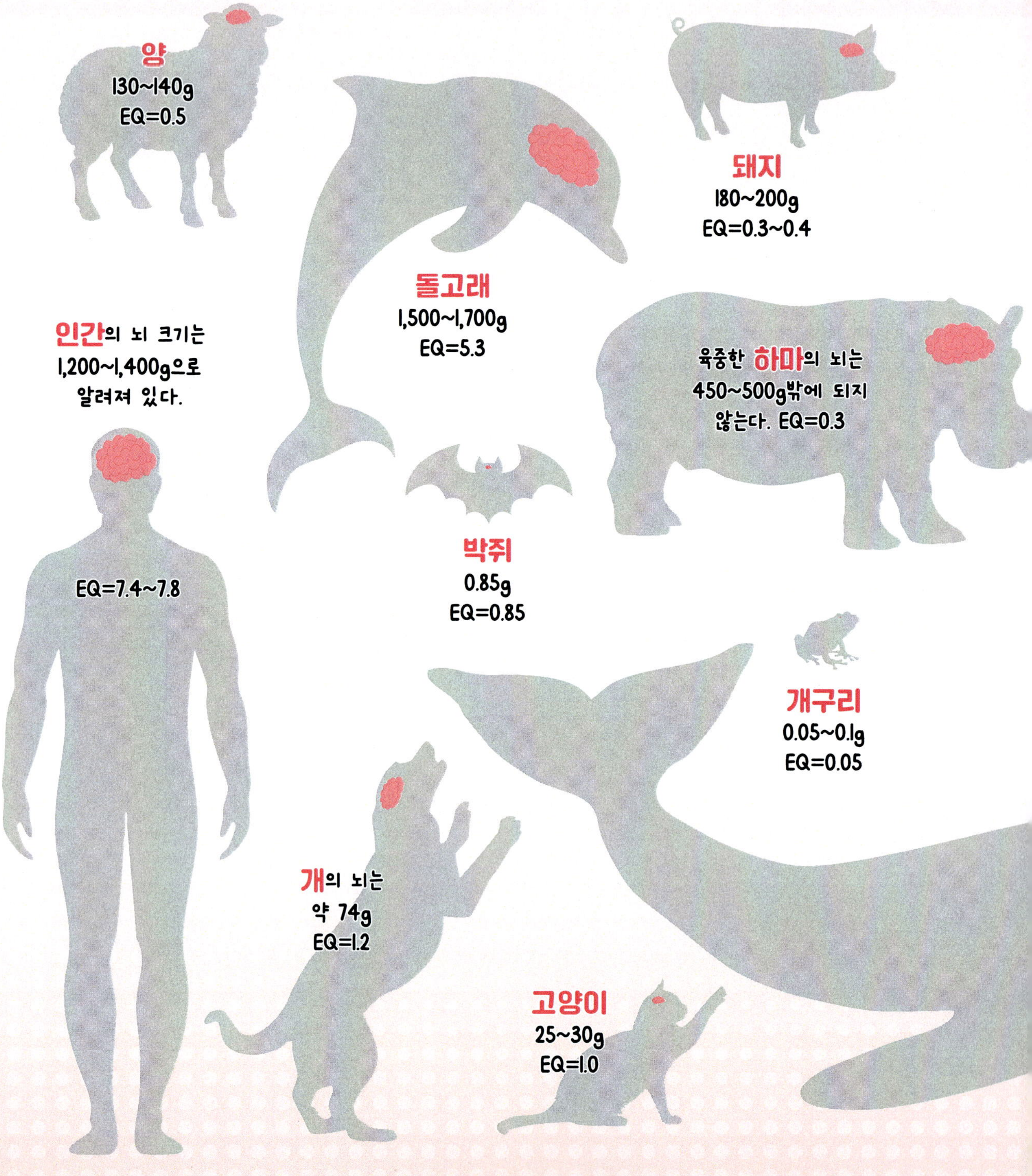

첫 번째 여행 · **똑똑한 뇌**(내친구를 소개합니다!

Brain Olympics

대뇌화 지수(EQ) 동물마다 뇌 크기는 다르지만, 뇌가 크다고 꼭 더 똑똑한 건 아니에요. 몸집이 크면 뇌도 커지기 때문에 단순한 뇌 무게만으로는 비교하기 어렵죠. 그래서 등장한 개념이 바로 대뇌화지수랍니다.
EQ는 '몸무게에 비해 뇌가 얼마나 큰가'를 나타내는 숫자예요. '해당 몸무게의 동물에게 기대되는 평균적인 뇌 크기' 대비 실제 뇌 크기를 비교해 계산해요.

$$EQ = \frac{\text{실제 뇌 무게}}{0.12 \times (\text{몸무게})^{2/3}}$$

원숭이
80~120g
EQ=2.0~2.1

침팬지
350~400g
EQ=2.2~2.5

뇌는 작지만 인간과 유전자의 98.7%가 같다.

코끼리
4,500~5,500g
EQ=1.8~1.9

생쥐의 뇌는 고작
0.4~0.5g
EQ=0.4

기린
400~600g
EQ=0.65

거대한 **향유고래**의 뇌는 무려 8,000~8,500g이나 된다.
EQ=1.6~1.65

향유고래의 뇌가 지구에서 가장 크다.

늪지에 사는 무서운 **악어**의 뇌는 겨우 80g밖에 되지않는다.
EQ=0.2

천재의 뇌는 어땠을까?

자, 이제 천재의 뇌를 만나러 가볼까요?
아인슈타인의 뇌는 어떤 점이 특별할까요?
뇌의 무한한 가능성을 상상해보는
흥미로운 정류장입니다.

독일 태생의 이론물리학자
알버트 아인슈타인
1879~1955

내 시신을
아무도 모르는 곳에
뿌려달라고 했는데
토마스 하비 박사가
허락도 없이 내 뇌를
훔쳐 달아났어.

하비 박사는
내 뇌를 240조각으로
잘라서 연구용으로
사용했대.

Albert Einstein

내 뇌를
현미경으로 관찰하려
슬라이드로 만들기까지 했어.

연구의 결과,
내 뇌 무게는
1,230g으로
판명났지.

오히려
평균보다 170g
가벼웠던 거야.

76세의 나이에
복부 대동맥류 파열로
생을 마감한 아인슈타인의
뇌 무게는 평균적인 인간의
뇌보다 무겁지 않았어요.
다만, 아인슈타인의 뇌가
일반인보다 두정엽 하단
부위가 15% 컸다고 합니다.
두정엽과 측두엽 사이의
고량이 더 많은 신경세포로
채워졌다는 연구결과도
존재하죠. 두정엽과 측두엽이
어떤 곳인지는 조금 뒤에
알려줄게요!

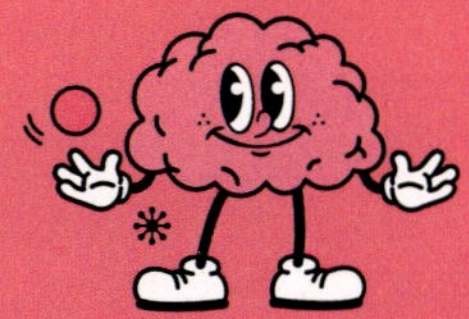

Fact or Fiction
인간은 실제로 뇌의 10%만 사용한다.

X

뇌는 항상 100%를 사용하고 있다. 뇌 영상 연구결과 뇌의 모든 부위가 다양한 기능을 수행하며 활성화됨이 밝혀졌다.

Fact or Fiction
내 아이도 태어날 땐 천재로 자랄 수 있는 가능성을 가지고 있다.

O

모든 아기는 무한한 가능성을 가지고 태어나지만 타고난 유전과 환경의 영향이 결정적 역할을 한다.

Fact or Fiction
뇌는 쓰면 쓸수록 젊어진다.

O

무조건 뇌를 많이 쓴다고 젊어지는 것은 아니지만 올바른 방식으로 뇌를 자극하면 신경가소성을 통해 뇌 기능을 유지하고 향상할 수 있다.

Fact or Fiction
클래식 음악을 들으면 IQ가 높아진다.
(모차르트 효과)

X

클래식 음악 자체가 IQ를 높이는 것은 아니다. 다만, 음악을 배우거나 연주하는 과정이 기억력과 인지 능력을 향상시킬 수 있다.

Fact or Fiction
뇌의 크기가 클수록 IQ도 높다.

X

뇌 크기와 지능은 직접적인 연관성이 없다. 지능은 뇌의 크기가 아니라 뉴런 간의 연결성과 시냅스 가소성에 의해 결정된다.

Fact or Fiction
뇌도 운동하면 젊어진다.

O

운동을 하면 신경세포가 활성화되고 신경망이 강화되면서 젊어진다. 신경가소성 증가, 뇌세포 성장 촉진, 혈류 증가로 인한 산소와 영양 공급 강화, 해마 활성화로 이어진다.

Brain Quiz

Fact or Fiction
—
**아침을 거르면
뇌기능이
활발해진다.**

X

아침을 거르면
뇌 활동이 둔해진다.

Fact or Fiction
—
**햇빛을 많이 쬐면
뇌 건강에 긍정적인
영향을 준다.**

O

햇빛을 쬐면 비타민D 합성,
세로토닌 증가, 생체 리듬 조절 등
긍정적 영향을 준다.

Fact or Fiction
—
**IQ는 유전적으로
정해지며
변화할 수 없다.**

X

유전적 영향을 받지만
교육이나 자극, 경험 등의
환경에 의해 변화할 수 있다.

Fact or Fiction
—
**거짓말을 할 때
뇌는 더 많이
작동한다.**

O

거짓말은 기억, 억제, 감정, 판단 등
복잡한 조절을 동반하기 때문에
더 많은 뇌 영역이 활성화된다.

Fact or Fiction
—
**감정은
심장이 아니라
뇌에서 느낀다.**

O

사랑,분노,슬픔 등의 감정은
편도체, 해마, 전전두엽 등
뇌의 특정 부위에서 생성되며,
'심장이 아프다'는 것은 뇌의 신호를
몸으로 느끼는 것이다.

Fact or Fiction
—
**헤딩을 자주하면
뇌 손상이 온다.**

X

목의 근육이 발달되지 않은 경우는
조심해야 하지만 가벼운 충격으로
뇌 손상이 오지 않는다.

Fact or Fiction
—
**스트레스를
많이 받으면
뇌 기능이 저하된다.**

O

장기 스트레스는 해마,
전전두엽, 편도체 등에
해로운 변화를 유발한다.

골때리는 뇌과학
두 번째 여행

왜 그럴까? 뇌에게 물어봐!

감정은 어디서 나오는걸까?

아침에 눈을 뜨는 순간부터 잠들기 전까지 우리는 수많은 감정을 경험하고 있죠. 이번 정류지는 뇌의 작고 섬세한 부위들이 무슨 역할을 하고 어떻게 여러 가지 감정을 느끼게 하는지 살펴보는 곳이랍니다.

오늘 하루, 얼마나 많은 감정을 느꼈나요?

우리가 기쁘거나 화날 때, 그 감정은 뇌의 아주 작은 부분인 '편도체'에서 시작돼요.
편도체는 측두엽 앞쪽, 피질의 안쪽에 자리 잡고 있는데, 감정을 감정을 느끼고 위험에 빠르게 반응하는 역할을 해요. 특히 두려움, 놀람, 분노처럼 생존과 관련된 감정에 민감하게 반응하죠. 또 감정과 연결된 기억을 저장하는 데도 중요한 역할을 해요.

하지만 감정이 너무 강하면 제대로 판단하기 어려울 수 있기 때문에, 뇌는 전두엽을 통해 이 감정을 조절해요. 전두엽은 편도체가 보내는 감정 신호를 받아 상황을 판단하고, 어떻게 행동할지 결정하는 데 도움을 줘요.
쉽게 말하면, 편도체는 감정을 빠르게 느끼는 센서, 전두엽은 그 감정을 잘 다스리는 조절자예요. 이 두 부위가 함께 작동하면서 우리는 기분을 느끼고, 기억하고, 조절하며 살아갈 수 있는 거랍니다.

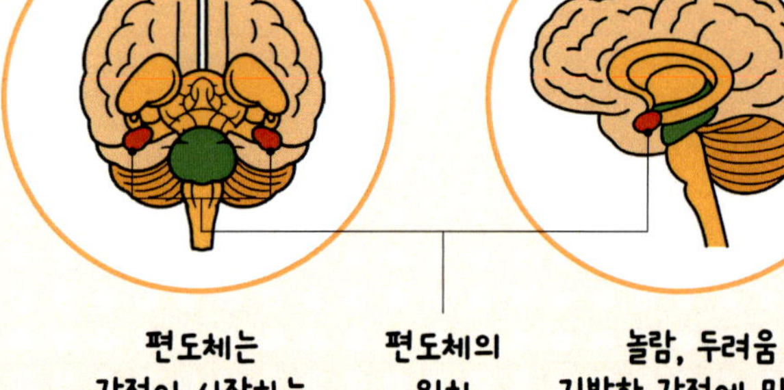

Emotion

감정은 뇌의 편도체와 전두엽이 함께 작용하면서 만들어져요. 편도체는 눈이나 귀를 통해 들어온 정보를 빠르게 분석해, 두려움이나 놀람, 기쁨과 같은 감정 반응을 일으키는 역할을 해요.

전두엽은 편도체에서 발생한 감정 신호를 받아들이고, 그 감정을 상황에 맞게 판단하고 조절하도록 돕습니다. 따라서 감정은 편도체가 감정을 감지하고, 전두엽이 그 감정을 다스리며 조율하는 과정에서 만들어져요.

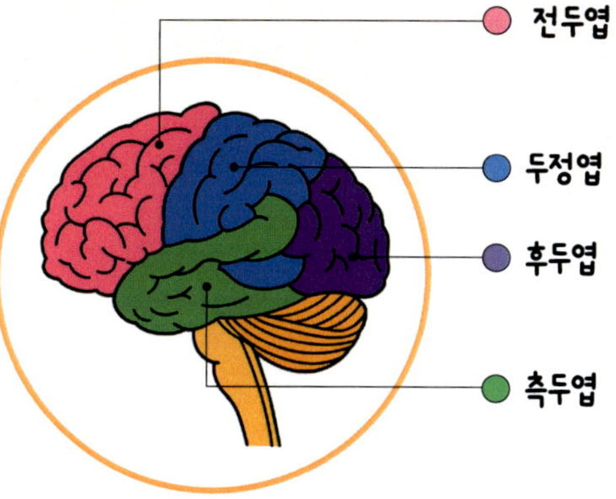

감정 상태에 따라 활성화되는 뇌의 부분이 달라요.

우리가 불안하거나 화가 나고, 기분이 가라앉을 때는 뇌 속의 편도체와 함께 오른쪽 전두엽이 활발해져요. 편도체는 감정을 빠르게 느끼고 위험을 감지하는 역할을 하기 때문에, 이런 부정적인 감정 상태에서는 반응이 더 강해지는 거예요.

반대로 행복하거나 열정이 생기고 기분이 좋을 때는 편도체와 왼쪽 전두엽이 더 활발하게 작동해요. 이렇게 감정의 종류에 따라 뇌의 활성화되는 부위도 달라지기 때문에, 우리의 기분이 뇌 속에서 실제로 어떻게 표현되는지 알 수 있답니다.

뇌의 감정 메신저

신경전달물질

도파민
Dopamine

기쁨과 보상, 쾌감 담당

성취감, 동기, 의욕을 책임진다!

너무 적으면 우울해지기도 하고, 조현병 같은 정신질환과도 관련이 있다.

너무 많으면 중독, 충동적인 행동이 생길 수도 있다.

신경전달물질

가바
GABA

진정 담당

글루타메이트랑 정반대로 억제성 신경전달물질이다.

긴장하거나 스트레스를 받을 때, 뇌를 진정시켜준다.

부족하면 불안, 불면, 공황장애 같은 증상이 생길 수도 있다.

신경전달물질

글루타메이트
Glutamate

학습과 기억 형성 담당

뇌에서 가장 흔한 흥분성 신경전달물질

감각을 느끼고, 공부하고, 기억할 때 꼭 필요하다.

과다하면 뇌가 과열된 것처럼 흥분해 기억력이 떨어지거나, 심하면 경련이 오기도 한다!

신경 전달 물질

- **뉴런**에서 생성
- 시냅스 간의 **화학적 신호** 전달
- **즉각적**인 반응 조절
- **제한적인 장소**에서 작용
- **신경망** 컨트롤 조절

Neurotransmitter & Hormone

신경전달물질(Neurotransmitter)은 뇌 속 뉴런에서 만들어져 시냅스 사이를 빠르게 오가며 즉각적인 반응을 조절해요. 제한적인 범위에서 작용하고, 몸의 움직임이나 감정을 빠르게 조절할 때 쓰여요.

반면, **호르몬(Hormone)**은 몸속 내분비 기관에서 만들어져 혈액을 따라 온몸으로 퍼져요. 작용까지 시간이 다소 걸리지만 한 번 작용하면 오랫동안 영향을 주고 신진대사나 성장, 감정, 체온 같은 몸 전체의 균형을 조절해준답니다!

호르몬

엔도르핀
Endorphin

천연 진통제

아플 때 통증을 줄여주고 기분까지 좋게 만들어준다.

운동하거나 크게 웃고, 좋은 음악을 들을 때도 솟아난다.

부족하면 통증에 대해 민감해지고 우울증, 불면증 등을 경험할 수 있다.

호르몬

세로토닌
Serotonin

기분을 안정시키고, 불안을 가라앉히는 일을 수행한다.

행복을 주는 호르몬

부족하면 우울증, 불면증이 생기기도 한다.

햇빛을 쬐거나 운동을 하면 더 많이 나와서 기분이 좋아진다.

호르몬

노르에피네프린
Norepinephrine

뇌가 "긴급상황!" 이라고 판단할 때 나오는 물질

너무 많으면 오히려 불안하고 초조해진다.

신체가 위협에 대처하도록 돕는다.

주의력결핍 과잉행동장애(ADHD)와 관련이 있다.

시험 시간에 집중력, 반응속도, 기억력이 순식간에 좋아지게 한다.

- **내분비 기관**에서 생성
- **혈액을 통해** 이동
- **오랜 시간** 동안 작용
- **광범위한 장소**에서 작용
- **내분비** 시스템 조절

호르몬

생각의
전기 물결, 뇌파

뇌파(Brain Wave)란 뇌에서 신경세포들이 신호를 주고받을 때 발생하는 전기적 활동을 파형으로 나타낸 것입니다.
이 전기 신호는 뇌파계(EEG, Electroencephalogram)를 통해 측정할 수 있어요!

뇌파의 종류 Types of Brain Waves

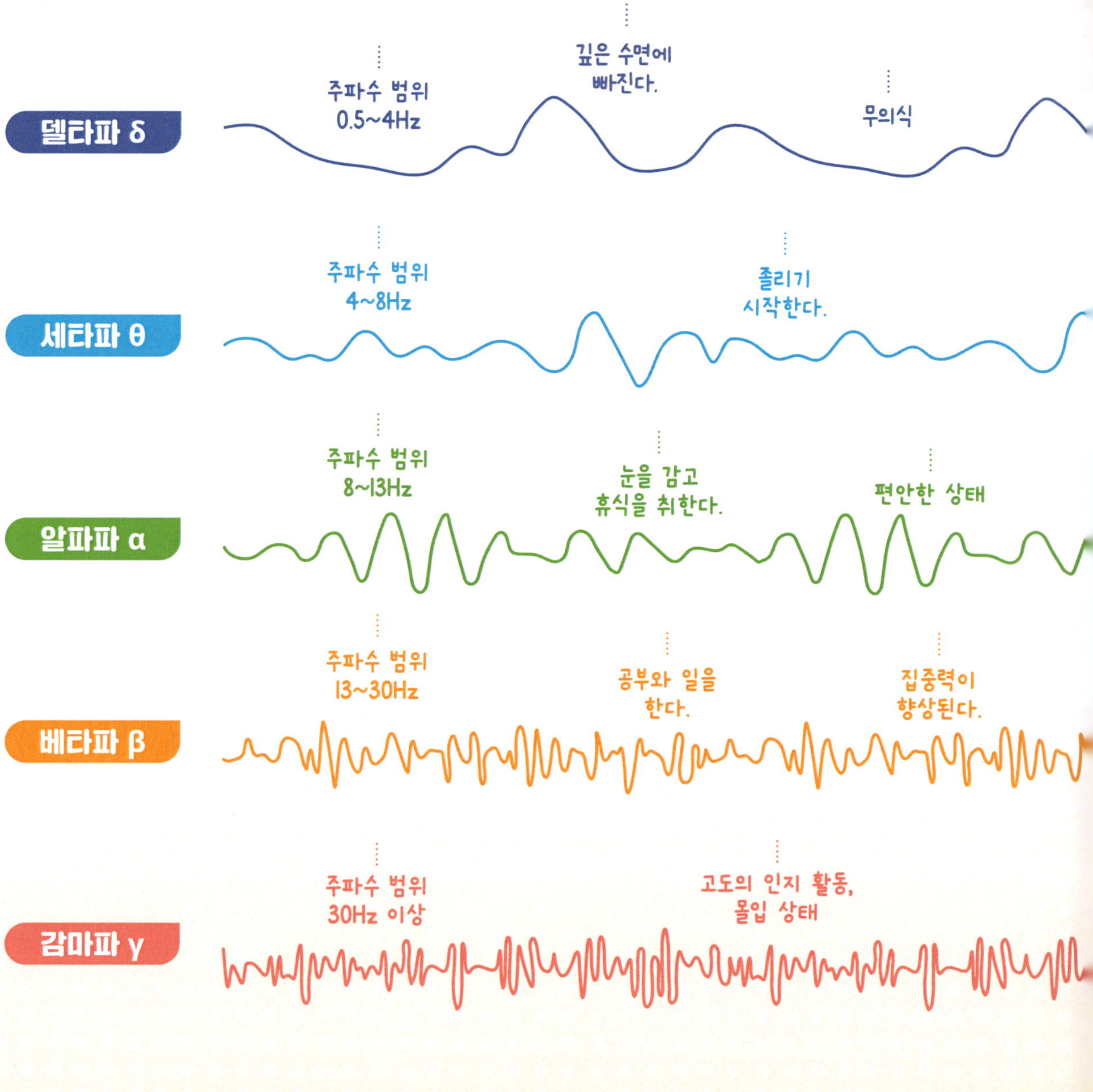

Brain Wave & Brain Rest

뇌 휴식 가이드

우리의 뇌는
휴식이 필요해요.

뇌는
끊임없이 정보를 처리하고,
의사결정을 내리며, 감정을 조절하는
중요한 역할을 합니다.

충분한 휴식을 취하지 않으면
집중력이 저하되고,
기억력과 문제해결 능력이 떨어지며,
심지어 정신건강에도 나쁜 영향을
미칠 수 있습니다.

잠시 우리의 뇌를
쉬게 해줄까요?

편안히 앉아서 자연의 소리나
잔잔한 음악을 감상해 보세요.

멍 때리듯이 아무것도
하지 않아도 괜찮아요.
뇌가 쉴 수 있는 시간을 만들어요.

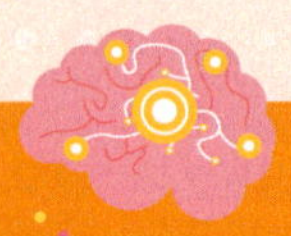

착시와 착각

뇌도 때론 착각해요!
우리 뇌는 수많은 정보를 빠르게 처리하기 위해 익숙한 패턴이나 경험을 바탕으로 예측해요. 이 과정에서 뇌는 때때로 실수를 저질러 어떤 대상을 다른 것으로 인식하는 착각을 일으키기도 한답니다!

'눈'이 속는 착시

다양한 착시들

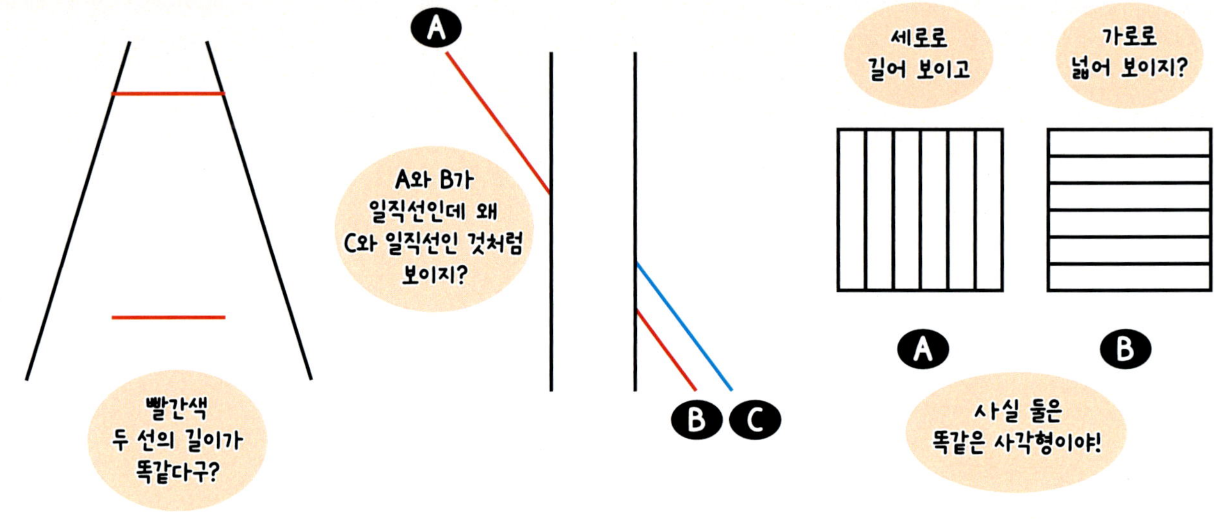

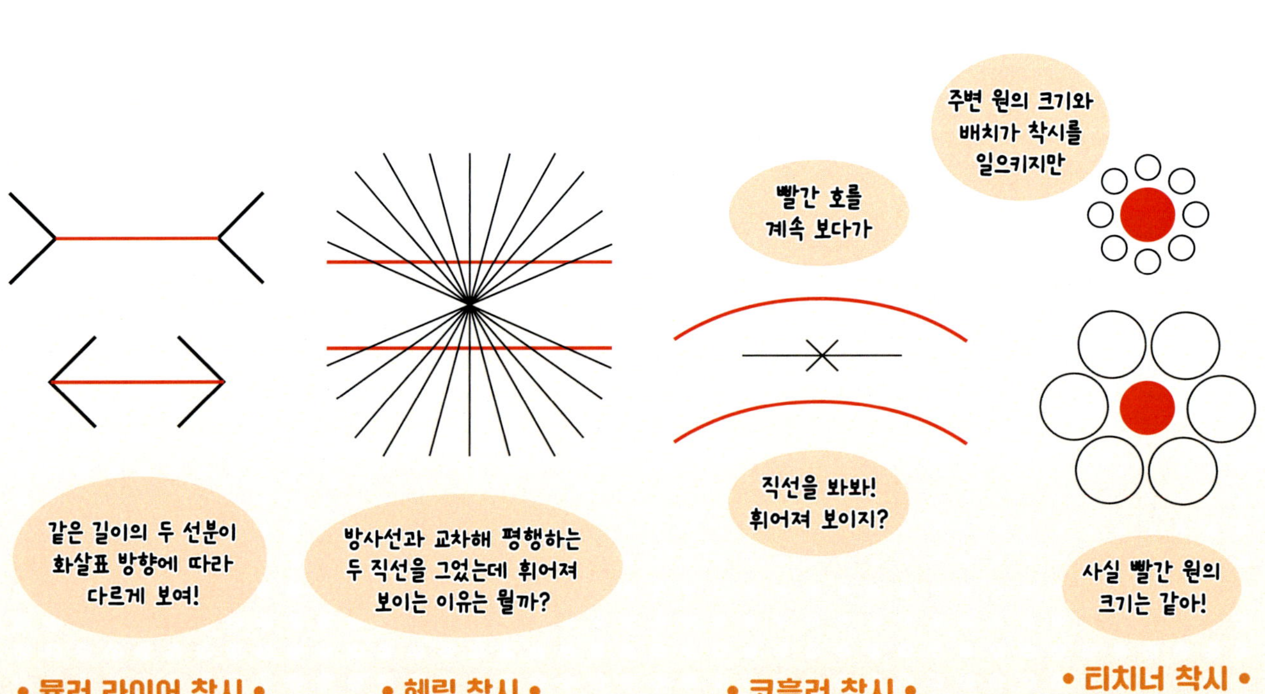

Misperception

착각(Misperception)은 감각(오감) 정보를 뇌가 다르게 받아들일 때 나타나는 현상입니다. 눈을 포함해 귀, 코, 피부, 혀까지 오감을 통해 감각이 이루어지고, 어떤 소리가 다르게 들리거나 가짜 촉감을 느끼는 경우가 대표적이에요!
그중 **착시(Optical Illusion)**는 눈으로 보는 것과 뇌가 처리하는 정보가 다를 때 나타나는 현상이에요. 눈이 주요 감각으로 작용하고, 정지된 그림이 움직여 보이는 게 착시의 대표적인 현상이죠.

'감각'이 속는 착각

고무손 착각 실험

뇌가 눈으로 본 시각 정보가 손으로 느끼는 촉각 정보보다 강하게 인식하면 나타나는 착각이야!

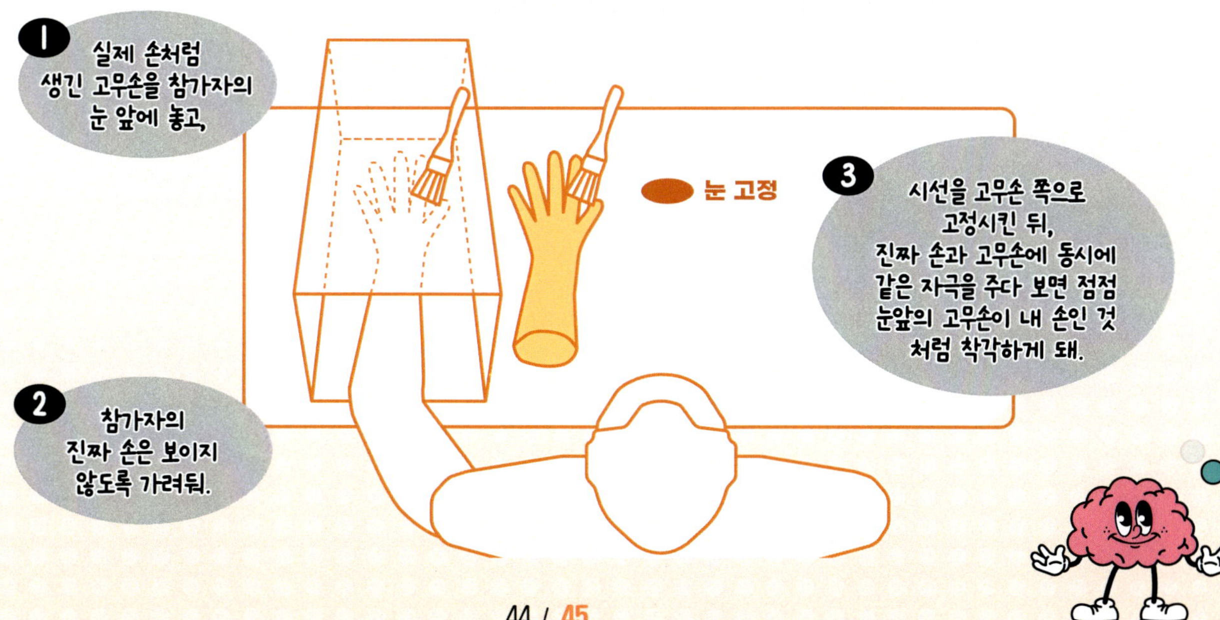

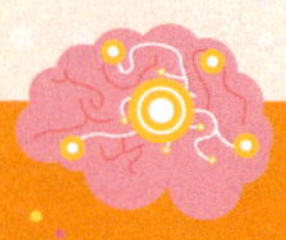

갈팡질팡 인지편향

이번 정류지에선
우리 뇌가 하는 실수들을 살펴볼 거예요.

우리가 자주 겪는
여섯 가지 인지편향을
알아보자!

처음 본 정보가 머릿속에
기준처럼 남아요!

2,000원
2,000원
67%
세일

똑같은 금액이더라도
'세일'이라고 적힌
참치캔에
눈이 가게 된다.

우리는 처음 받은
정보(특히 숫자)를
기준점으로 삼는다.

우와!
세일 제품이다!

우리는 기준점을
바탕으로 무언가를
결정하고 선택하게
되는 경향이 있다.

Tip. 처음 제시된 정보를 너무
믿지만 말고, 다른 기준도
함께 비교하는 게 중요하다.

Cognitive Bias

뇌의 실수, 인지편향
우리 뇌는 아주 똑똑하지만, 복잡한 세상을 빠르게 이해하려는 뇌의 특성 때문에,
가끔은 충분한 정보를 보지 못하고 익숙한 생각이나 감정에 끌려서 결정을 내릴 수 있어요.
이렇게 뇌가 정확한 사실보다 익숙한 것에 끌려 잘못 판단하는 현상을 '인지편향'이라고 해요.
인지편향은 누구에게나 생길 수 있는 아주 자연스러운 뇌의 반응이랍니다.

뇌는 빠르게 판단하기 위해
생생하고 충격적인 정보를
과장해서 기억하는 편이다.

단지 기억에 남아있을 뿐
실제와는 거리가 멀 수
있다.

Tip. 상어로 인한 사고보다 자동차로 인한 교통사고가 훨씬 많
이 일어난답니다.

최근에 보거나, 강렬한 내용의 뉴스와 경험이 전부가 아니다.
객관적인 정보와 사실을 보고 판단하는 게 중요하다.

Tip. 나와 다른 의견이라고
필요 없는 정보는 아니다.

불편한 정보일수록 잠시 멈춰
생각해보면 뇌는 더 유연해진다.

갈팡질팡 인지편향

이번 페이지에서는 우리도 모르게 빠져드는
인지편향을 피하는 여러 요령을 알아보도록 해요!

하나만 보고 전체를 판단해요!

어떤 사람이나 물건의
한 가지 눈에 띄는
장점 때문에
다른 부분까지 좋게
판단하고 만다.

외모가 준수하거나
말을 잘하는 사람은 왠지
똑똑하다고 생각하는 게
대표적인 사례예요.

Tip. 겉모습, 첫인상으로 판단하지
말고 다양한 시선으로 살펴
보는 자세가 필요하다!

같은 정보도 어떻게 포장하느냐에 따라 다르게 느껴져요!

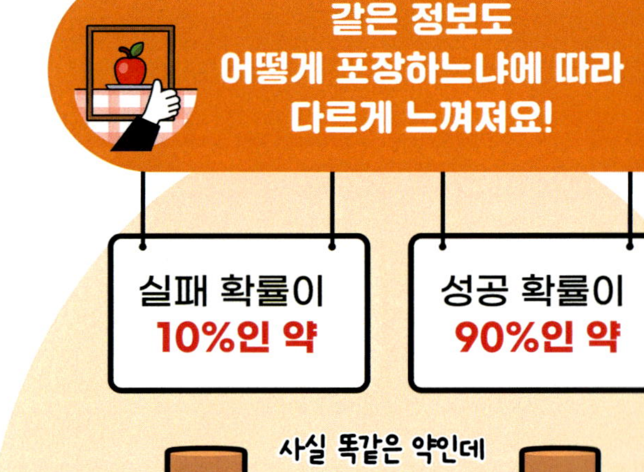

우리의 뇌는
정보를 표현하는
방식에 따라 다르게
받아들인다.

Tip. 정보를 표현하는 방식에 휘둘리지
말고, 숫자나 사실 자체를 꼼꼼히
살펴보는 태도가 필요하다.

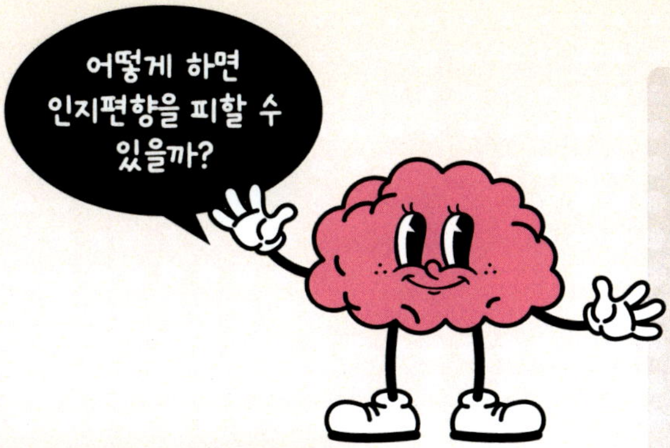

Cognitive Bias

인지편향을 피하는 방법들

가장 먼저 할 수 있는 건, 나와 다른 의견이나 시선을 열린 마음으로 들어보는 거예요. 내 생각과 다르다고 해서 틀렸다고 단정짓기보다, 왜 그런 생각에 빠져들었는지를 되짚어보며 상대의 입장을 이해하려고 노력해보는 거죠. 처음에는 낯설고 어색하게 느껴질 수 있지만, 다양한 관점을 접하며 시야가 넓어지고 더 깊이 있는 사고를 할 수 있게 돼요. 이렇게 다른 관점을 이해하려는 노력은 내 생각의 균형을 잡아주는 데 큰 도움이 되지요. 자기만의 생각에만 빠지지 않고 유연하게 사고할 수 있는 힘을 길러주는 거예요.

또한, 어떤 결정을 내리기 전에 '지금 내 생각이 정말 맞을까?' 하고 스스로에게 한번 질문해보는 것도 좋은 습관이에요. 감정이 격해졌을 때나, 강한 확신이 들 때일수록 잠깐 멈추고 내 생각을 객관적으로 바라보려는 태도가 필요하거든요. 이렇게 스스로를 점검하는 습관이 생기면, 처음 떠오른 생각이나 감정에만 휘둘리지 않고 좀 더 신중하고 균형 잡힌 판단을 내릴 수 있게 돼요. 생각을 되돌아보는 작은 습관 하나가 큰 차이를 만들어 낸답니다.

골때리는 뇌과학
세 번째 여행

지켜요 뇌건강!
궁금해요
뇌로 보는 미래!

브레인 헬스클럽

신체의 움직임은 뇌와 어떤 관련이 있을까요?
이번엔 달리기, 춤, 농구, 요가, 테니스 등
우리가 몸을 움직일 때마다 따라서 바쁘게
활동하는 뇌를 살펴볼 거예요.

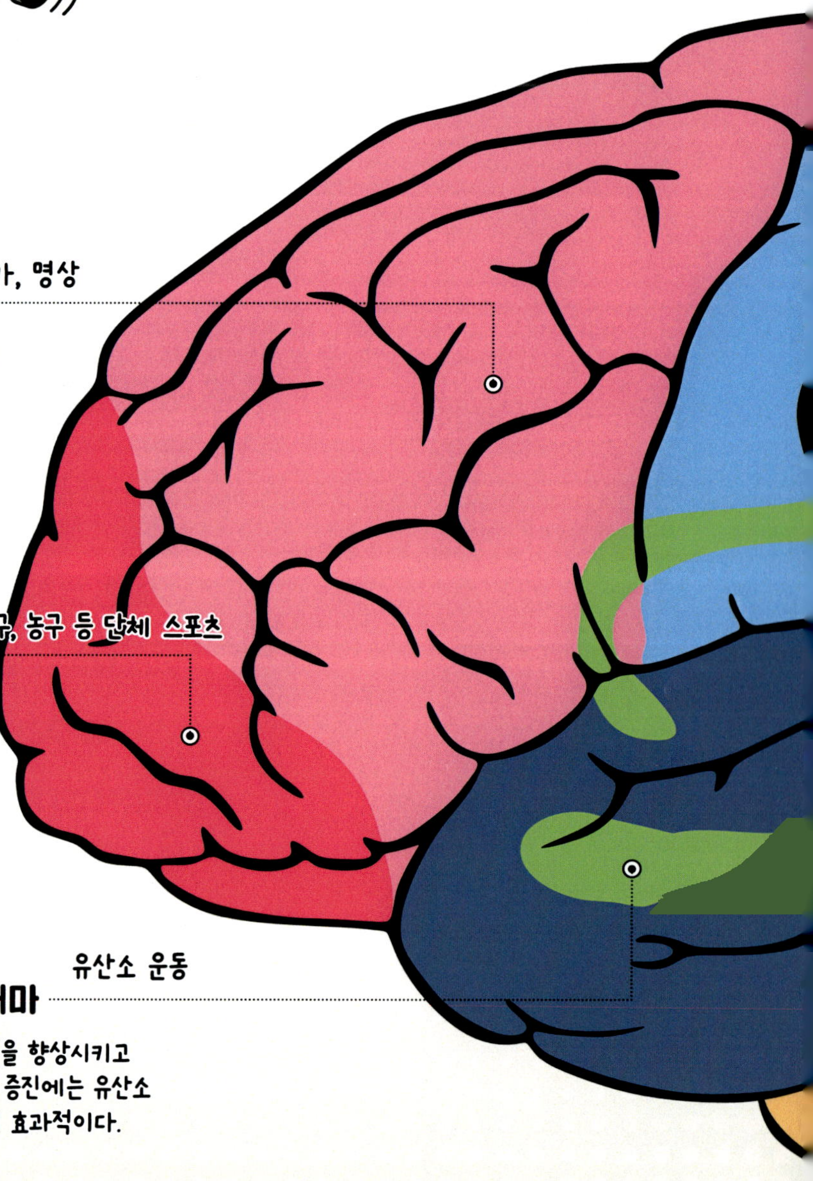

요가, 명상

전두엽

감정 조절력을 길러주고
스트레스 대처에도
도움을 준다.

웨이트 트레이닝, 축구, 농구 등 단체 스포츠

전전두엽

문제 해결력과 집중력에
도움이 되는 운동이 좋다.

유산소 운동

해마

기억력을 향상시키고
학습능력 증진에는 유산소
운동이 효과적이다.

뇌는 운동할수록 더 잘 연결되요!
전전두엽은 문제 해결과 집중력을, **두정엽**은 공간감각과 몸의 위치 감지를, **소뇌**는 균형과 정교한 움직임을, **해마**는 학습능력과 기억력을 담당해요. 마지막으로 **전두엽**은 감정 조절력과 스트레스 대처를 포함한 다양한 부분을 관장하는데, 여러 운동과 춤 같은 활동이 뇌의 각 부위를 활성화시킨답니다.

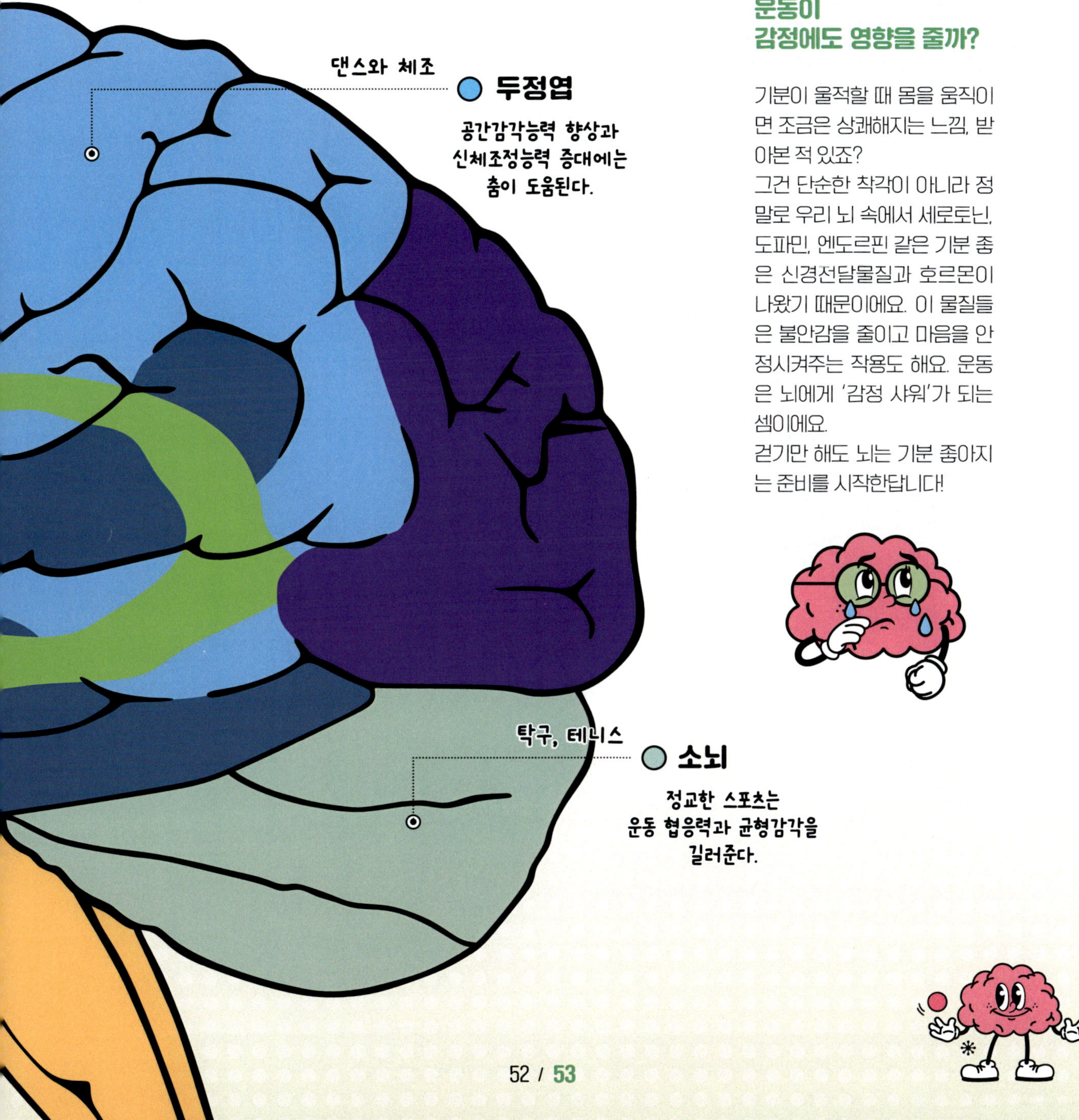

운동이 감정에도 영향을 줄까?

기분이 울적할 때 몸을 움직이면 조금은 상쾌해지는 느낌, 받아본 적 있죠?

그건 단순한 착각이 아니라 정말로 우리 뇌 속에서 세로토닌, 도파민, 엔도르핀 같은 기분 좋은 신경전달물질과 호르몬이 나왔기 때문이에요. 이 물질들은 불안감을 줄이고 마음을 안정시켜주는 작용도 해요. 운동은 뇌에게 '감정 샤워'가 되는 셈이에요.

걷기만 해도 뇌는 기분 좋아지는 준비를 시작한답니다!

브레인 헬스클럽

우리 몸이 운동(특히 유산소)을 하면
뇌가 어떤 방식으로 똑똑해지는지
아래와 같이 살펴봐요!

BDNF

BDNF는 '뇌유래 신경영양인자'라는 긴 이름을 가진 단백질이에요. 다소 생소한 이름이지요? 하지만 뇌에게는 아주 친숙한 친구예요. BDNF는 뇌세포가 잘 자라고 서로 연결되도록 도와줘요. 특히 기억, 학습, 감정 조절을 담당하는 부위에 BDNF가 많을수록 기억력과 학습력이 좋아져요.

트립토판과 세로토닌

트립토판은 우리가 먹는 음식 속에 들어 있는 '아미노산'이라는 영양소의 하나예요. 특히 바나나, 달걀, 두유, 견과류 등에 많이 들어 있어요. 이 트립토판은 뇌에서 '세로토닌'을 만드는 재료가 돼요. 세로토닌은 기분을 안정시키고 행복한 감정을 느끼게 해주는 호르몬이에요.

Brain Health Club

뇌는 운동할수록 뇌는 더 잘 연결되요!
유산소 운동을 하면 뇌가 더 건강해져요. 몸을 움직이면 우리 몸속에서는 '세로토닌(행복 호르몬)'이 만들어지는데, 이때 필요한 재료가 바로 트립토판이에요. 트립토판은 음식에 들어 있는데, 운동을 하면 뇌가 이 재료를 더 잘 활용하게 된답니다!
또 운동은 뇌세포를 돕는 BDNF라는 단백질의 양도 늘려줘요. BDNF는 기억력과 학습 능력을 키워주는 뇌의 친구랍니다. 건강하고 똑똑한 뇌, 운동으로 만들 수 있어요!

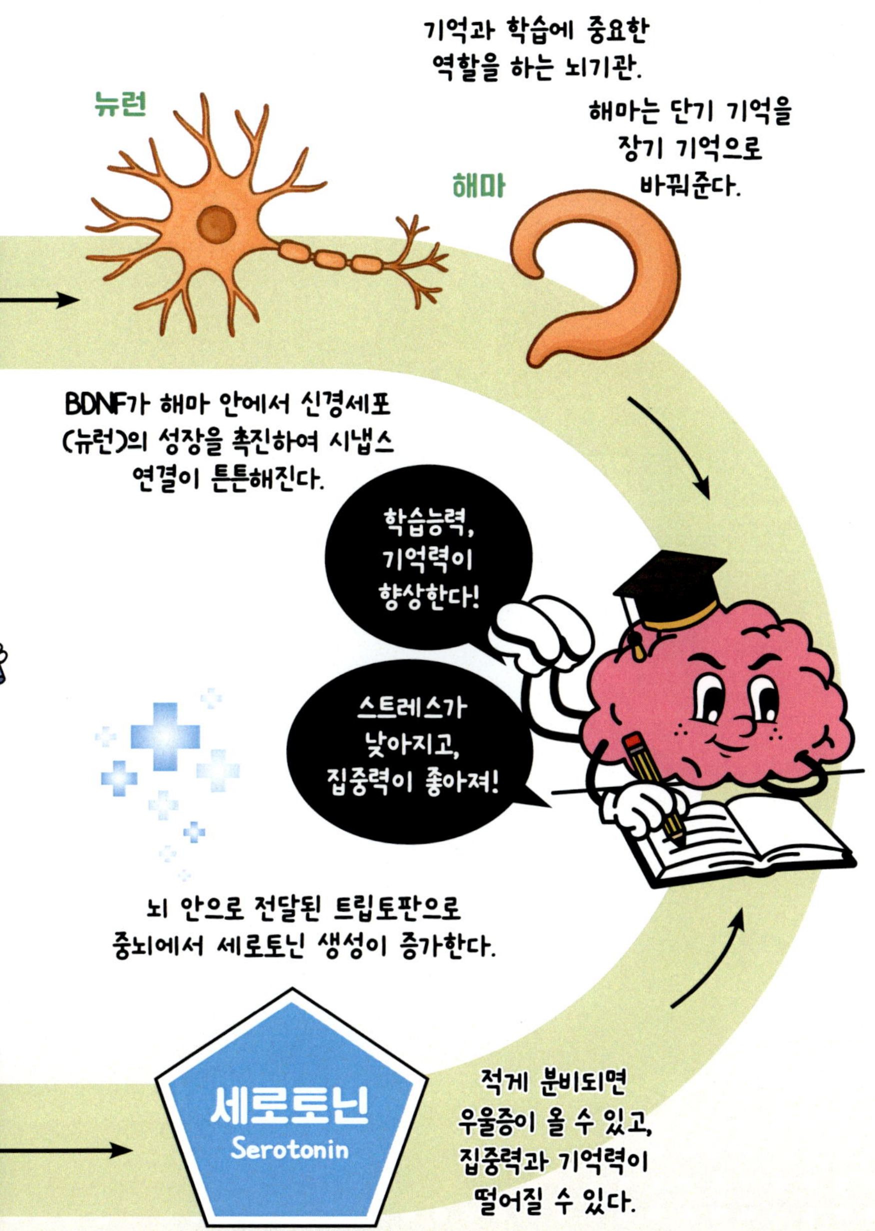

운동하면서 공부를 한다면?

운동을 마친 다음 어려운 문제를 풀면 얼마나 잘 풀릴까요?
몸이 움직여지면 뇌로 가는 혈류가 늘어나면서, 산소와 영양분이 더 많이 공급돼요.
이때 특히 측두엽 안쪽의 해마가 활발해지고, 그 크기가 커지기도 해요.
해마는 새로운 기억을 만들고 학습을 도와주는 중요한 부분이에요.
그래서 유산소 운동을 하고 나서 공부하면 기억력이 좋아지고, 집중력도 쑥쑥 자라나요.

운동에 따른 뇌 혈류량 비교

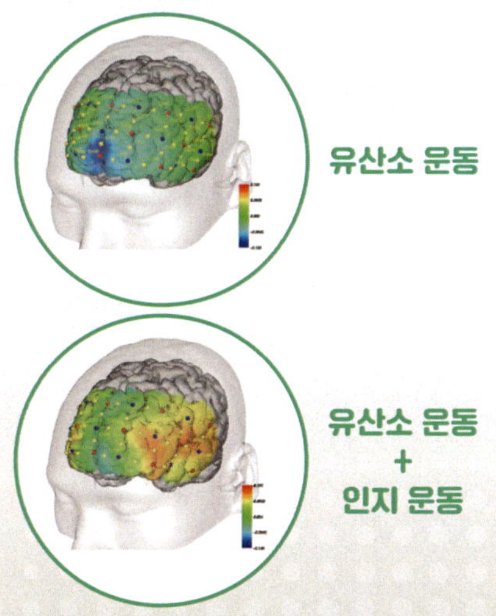

출처 [생로병사의 비밀], '늙지 않는 뇌의 비밀' 편

브레인 헬스마켓

우리 뇌는 아주 민감하고 중요한 기관이에요. 그래서 이번 정류지에서는 건강한 뇌를 위해 어떻게 뇌가 필요한 영양소를 통과시키고 해로운 물질은 막는지 알아볼 거예요.

혈뇌장벽

뇌와 혈액 사이의 선택적 투과성 장벽으로, 뇌를 보호하고 뇌 기능에 필수적인 물질만 통과시키는 역할을 해요. 이 장벽은 뇌 모세혈관의 내피세포와 주변 세포가 밀착 연접하여 형성되며, 외부 물질의 침입을 막아 뇌를 보호합니다. 하지만, 이 장벽 때문에 뇌 질환 치료를 위한 약물 전달에 어려움이 따르기도 한답니다.

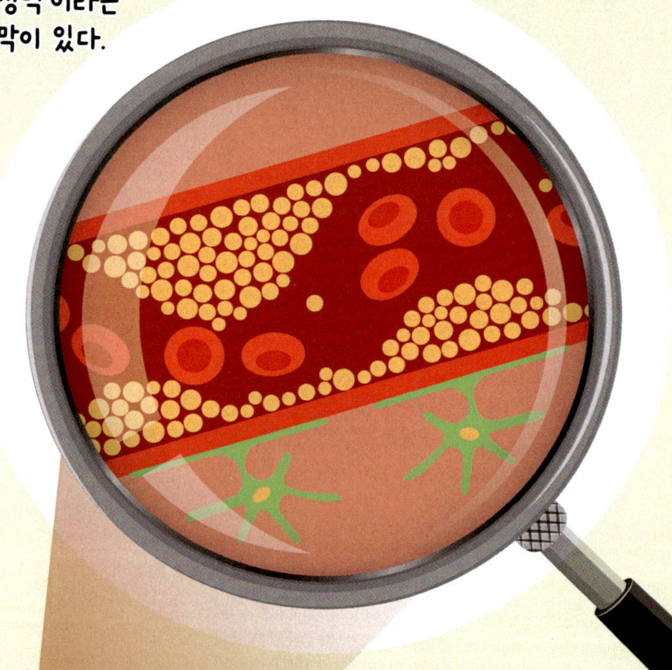

장과 뇌는 연결된 친구!

우리 몸속의 장과 뇌는 연결되어 있어요.
장 속 자극은 미주신경을 통해 뇌로 전달되어 기분과 스트레스, 불안 등에 영향을 줄 수 있답니다. 또한 장에 살고 있는 미생물은 음식물을 소화하면서 뇌의 감정 조절에 쓰이는 '세로토닌(행복 호르몬)'의 재료인 트립토판 생성에도 영향을 줘요!
뇌 건강을 위해서는 장 건강도 중요하다는 사실! 이제는 알겠죠?

장-뇌축 이론

장과 뇌를 잇는 미주신경은 장 신경세포의 활동을 뇌로 전달해요. 장에서 세로토닌이 많이 만들어지면, 장 신경세포를 자극하고 미주신경을 통해 뇌로 신호를 보내요.
세로토닌 자체는 뇌로 들어가진 못하지만, 트립토판(세로토닌의 재료) 생성, 면역 및 호르몬 작용, 미주신경 자극을 통해 기분과 불안, 스트레스에 간접적으로 영향을 준답니다!

매일 먹는 음식이 뇌를 튼튼하게 지켜준다는 사실!
어떤 음식이 뇌 건강에 도움을 주는지 알아보며
나만의 '브레인 장바구니'를 채워보세요.
건강한 식단이 똑똑하고 건강한 뇌로 가는 지름길!

고등어

인지 유지와 뇌의 노화를 예방하며
신경전달을 개선하고 염증을 완화한다.

연어

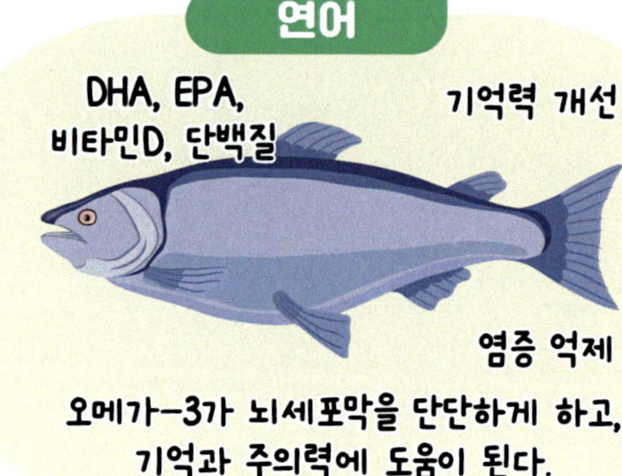

오메가-3가 뇌세포막을 단단하게 하고,
기억과 주의력에 도움이 된다.

아보카도

좋은 지방과 엽산이 뇌혈류를 개선하고
신경세포를 성장시킨다.

계란

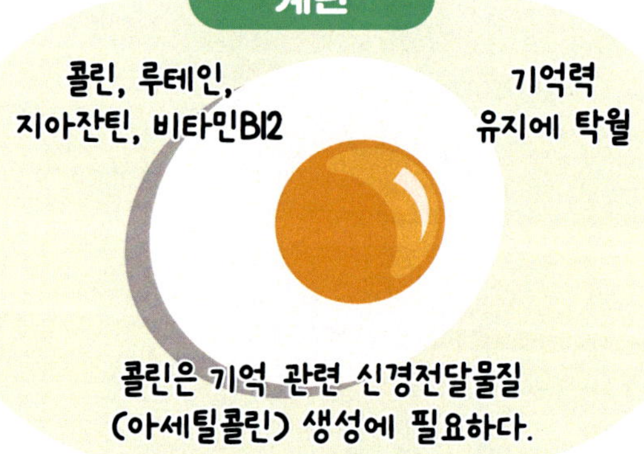

콜린은 기억 관련 신경전달물질
(아세틸콜린) 생성에 필요하다.

시금치

엽산이 호모시스테인 수치를 낮춰
뇌의 노화를 지연시킨다.

브로콜리

설포라판 같은 항산화 성분이
뉴런을 보호하고 염증을 완화한다.

Brain Health Market

우리 뇌도 잘 자라고 건강하게 활동하려면 좋은 영양소가 꼭 필요해요. 다양한 식품에는 뇌에 유익한 성분이 골고루 들어 있으니, 한 가지 음식만 고집하지 말고 여러 가지를 편식하지 않고 챙겨 먹는 게 중요해요.

현미

복합탄수화물,
비타민B군, 식이섬유

비타민 B군은
신경계 대사에
필수적이다.

집중력 유지,
기분 안정

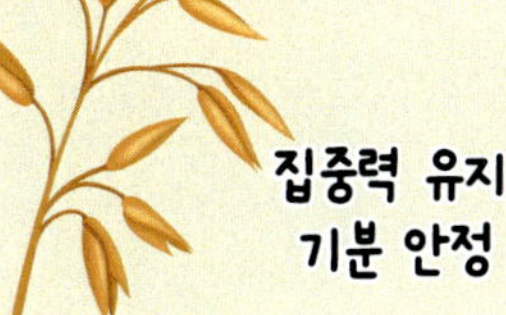

다른 곡류보다 포도당을 안정적으로 공급해
집중력 유지에 도움을 준다.

검은콩

안토시아닌, 철분,
식물성 단백질,
이소플라본

이소플라본 같은
식물성 에스트로겐이
신경세포 보호에
기여한다.

안토시아닌의 항산화 작용이
뇌세포를 지키는 데 도움을 준다.

호두

오메가-3, 폴리페놀,
비타민E

기억력,
학습능력 향상

오메가-3와 폴리페놀(항산화 성분)이
기억과 학습에 도움이 된다.

아몬드

비타민E, 마그네슘,
불포화지방산

장기적인
뇌 기억에
도움을 주기도 한다.

비타민 E가 산화 스트레스를 줄여
뉴런 보호에 도움을 준다.

다크초콜릿

플라보노이드,
카페인,
마그네슘

기분 안정에
도움을 주기도
한다.

집중력 향상

플라보노이드는
뇌혈류량을 증가시킨다.

블루베리

안토시아닌,
플라보노이드, 비타민C

강력한 항산화
작용으로
스트레스를
억제시킨다.

기억력,
인지기능 향상

뉴런 생성도 촉진하고
시냅스 연결도 강화한다.

뇌의 발달과 노화

뇌의 시간여행, 출발~!
태어나서 쑥쑥 자라던 뇌는 일정한 나이에 접어들면 조금씩 쉬어가게 돼요.
언제 어디가 빠르게 성장하고, 언제부터 점차 느긋해지는지 함께 뇌의 여정을 따라가 볼까요?

뇌 발달 레이스

우리 뇌는 태어난 순간부터 약 25세까지 계속 성장하며 정교해져요. 특히 0~6세는 언어와 기억력이 빠르게 자라는 시기로, 아이는 듣고 말하며 세상의 많은 정보를 흡수하지요. 아동기에는 전두엽이 발달하면서 주의력과 문제 해결력, 감정을 조절하고 친구들과 어울리는 사회성이 함께 자라나요. 청소년기에는 전두엽이 한층 더 성장해 자기조절력과 계획력, 감정 조절 같은 생각의 힘이 커져요. 25세 무렵이 되면 뇌는 성숙기에 들어서고, 이렇게 쌓인 발달 경험이 앞으로의 사고방식과 사회적 관계의 기초가 된답니다.

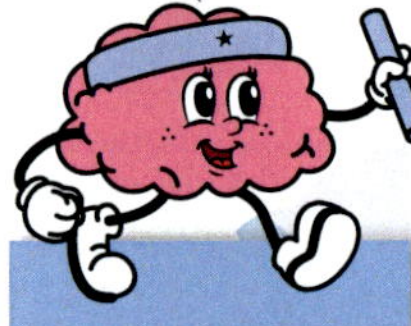

언어 능력
- - - -
언어 표현을 담당하는 전두엽과 측두엽은 생후 수개월부터 말놀이에 반응한다.

말을 많이 걸어줄수록 뇌도 더 풍성한 언어 회로를 만든다.

0~6세

기억력
- - - -
측두엽의 기억을 저장하는 해마는 유아기부터 초등학생 시기까지 활발히 성장한다.

3~12세

주의력 문제해결력
- - - -
전두엽은 주의력과 문제해결력의 중심!

아동기부터 청소년기 까지 끊임없이 도전하고 실수하는 경험이 전두엽을 키운다.

6~20세

정서 조절 사회성
- - - -
편도체는 감정을 느끼고 전두엽은 감정을 조절한다.

친구와의 대화, 나만의 감정 일기, 마음 표현이 감정 조절의 열쇠!

10~20세

공간지각능력
- - - -
수학적 사고, 공간지각을 담당하는 두정엽은 20대까지 자란다.

퍼즐, 블록놀이 등의 활동이 두정엽을 발달시킨다.

9~25세

Brain Cycle

30대 이후의 뇌는 성숙한 판단력과 경험을 바탕으로 안정된 인지 기능을 유지하지만, 신경세포들의 연결이 점점 느려지고 효율이 줄어들기 시작해요.

40~50대에는 기억력이나 처리 속도가 조금 느려지고, 주의력이나 여러 일을 동시에 하는 능력이 떨어질 수도 있어요.
하지만 오랫동안 쌓인 경험 덕분에 감정을 다스리는 자제력, 언어 표현력, 생각을 넓게 보는 힘은 오히려 더 깊어지는 시기예요.

60~70대 이후에는 해마와 전두엽이 조금씩 줄어들어 새로운 정보를 기억하고 처리하는 일이 예전보다 어려워질 수 있어요. 하지만 규칙적인 운동과 충분한 잠, 사람들과의 대화, 꾸준한 배움은 뇌가 활발히 일하도록 도와준답니다. 뇌는 나이를 먹어도, 계속 쓰면 쓸수록 젊음을 잃지 않아요!

뇌건강 클리닉

우리의 뇌에 이상이 생기면 어떻게 진단할까요?
오늘날에는 뇌를 어떤 과학기술로 진단하고 치료
하는지 알아볼까요?

뇌를 살피려면 어떻게 해야 할까요?

뇌는 아주 중요한 기관이에요. 우리 몸에서 두 번째로 단단한 뼈인 머리뼈(두개골)에
쌓여 있어서, 외부의 충격으로부터 잘 보호받고 있지요.
예전에는 뇌의 이상을 알아보려면 머리를 열어야 했지만, 지금은 과학자들이 만든 특
별한 장치 덕분에 머리를 열지 않고도 뇌 속을 자세히 볼 수 있답니다!
그 똑똑한 도구들이 바로 **MRI**와 **CT**예요.

CT (컴퓨터 단층촬영)

엑스선을 여러 방향으로 쏘아서
뇌를 얇은 조각처럼 잘라서 보는 기계예요.
마치 뇌를 슬라이스해서
책처럼 넘기며 볼 수 있어요!

MRI (자기공명영상)

커다란 도넛처럼 생긴 기계 속에 들어가면
자석과 라디오파가 뇌의 사진을 찍어요.
몸속 물 분자의 움직임을 촬영해서
뇌의 구조를 아주 자세히 볼 수 있어요.

뇌종양

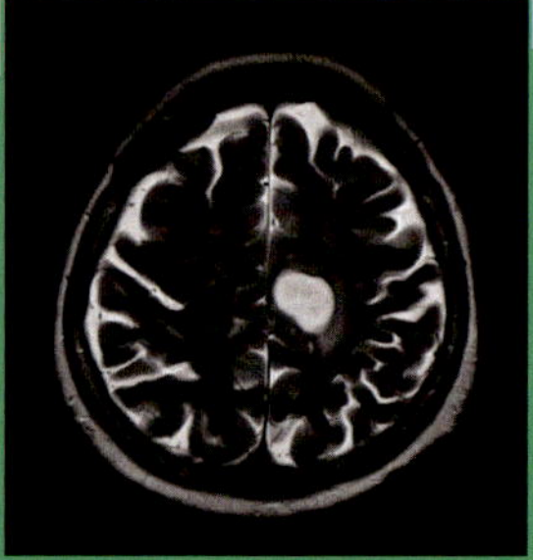

종양 부위가 하얗게 보여요.

뇌출혈

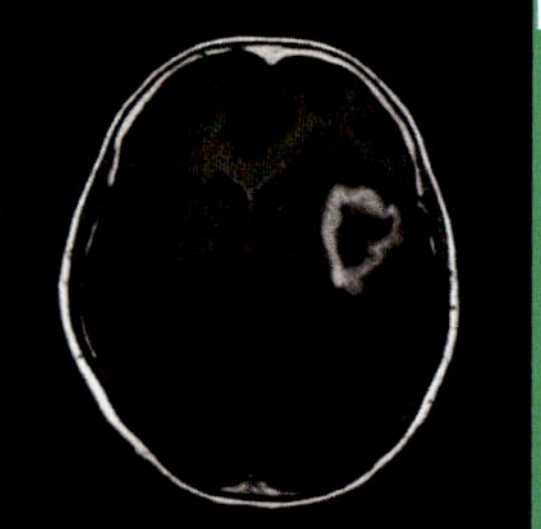

출혈된 부위가 얼룩처럼 보여요.

치매 (알츠하이머)

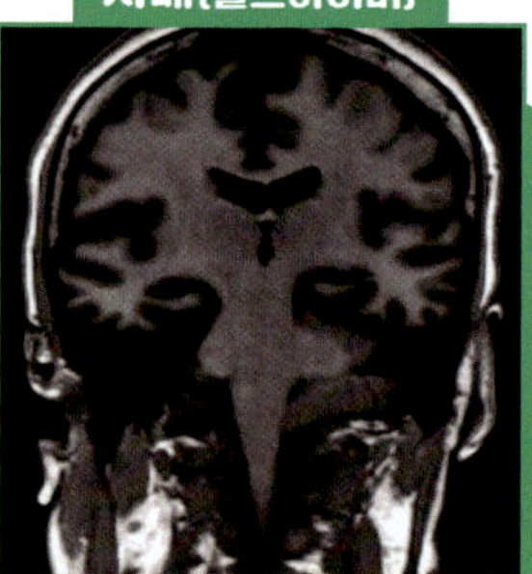

해마가 작아진 게 보여요.

 MRI 검사 팁!

- MRI는 구리로 만든 거대한 코일이 빠르게 회전하면서
  강력한 자기장을 만들어내요.

- 강한 자기장으로 철, 니켈 등 자석 금속이 있는 물건은
  빨려 들어갈 수 있으니 전부 놓고 검사를 받아야 해요.

- 그래서 MRI 기기도 알류미늄, 구리, 티타늄 등 비자성
  소재로 만든답니다.

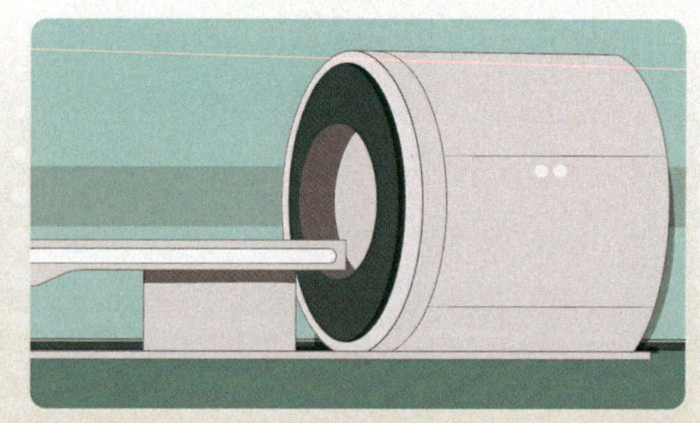

Brain Health Clinic

감마나이프는 우리 몸을 투과하는 감마[γ] 레이저를 여러 방향에서 한 점으로 모아 병든 부위를 치료하는 정밀한 기술이에요. 마치 돋보기로 햇빛을 한 점에 모으면 강한 열이 생기는 것처럼요. 머리를 열지 않아도 되기에 안전하고, 세밀하게 치료할 수 있어요.

뇌종양을 치료하는 감마나이프

1 치료 계획 세우기

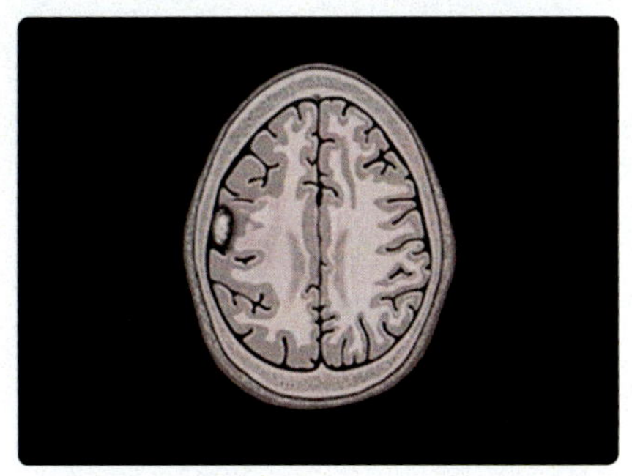

MRI나 CT로 찍은 뇌 사진을 보고, 종양이 있는 곳을 정확히 찾아요.

2 치료 준비하기

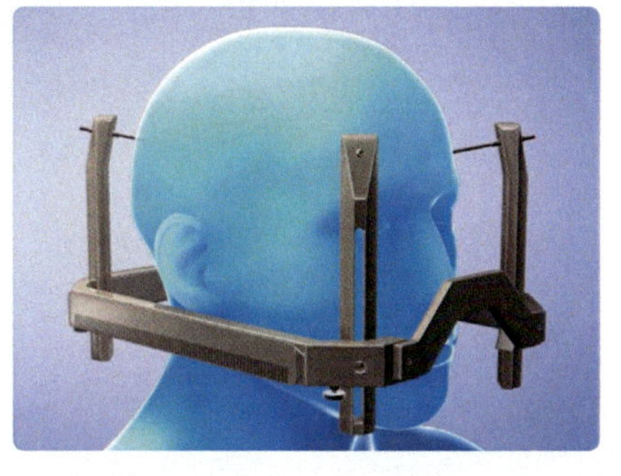

치료를 시작하기 전에 머리를 움직이지 않게 고정해요. 감마나이프는 아주 정밀한 치료라서, 고정틀이나 마스크로 머리 위치를 꼼꼼히 맞춰야 해요.

3 치료하기

마치 돋보기로 햇빛을 한 점에 모으듯, 감마선이 종양 부위에만 집중되어 치료가 이뤄져요.

4 치료 상태 확인하기

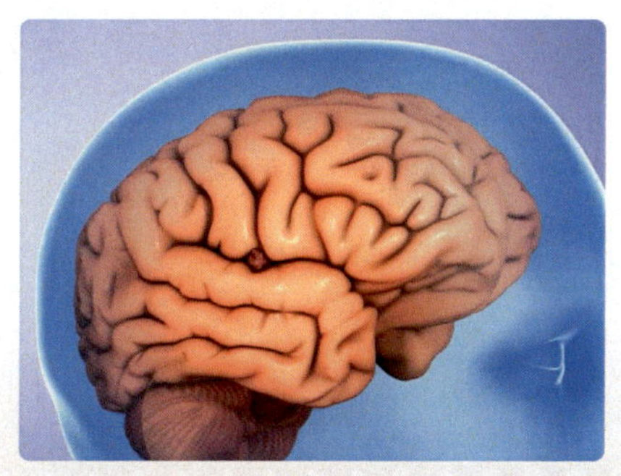

감마나이프는 종양을 깔끔히 제거하기보다는 더 이상 자라지 못하게 멈추는 데 집중해요. 그래서 종양이 완전히 사라지진 않지만 활동을 멈추고 크기가 줄어들어요.

뇌건강 클리닉

이번 코너는 아픈 뇌의 신호를 살펴볼 거예요. 뇌에 산소와 영양분을 공급하는 '뇌혈관'에 문제가 생기면 어떤 일이 일어나는지 함께 알아볼까요? 뇌출혈, 뇌동맥류, 뇌경색처럼 뇌의 혈관이 보내는 위험 신호를 따라가 봐요!

뇌혈관성 뇌질환

뇌혈관은 '산소와 영양분'을 운반하는 통로예요. 이 통로가 막히거나(뇌경색), 터지면(뇌출혈) 뇌의 일부가 제대로 일을 못 하게 되지요. 그러면 기억이나 말하기, 움직임 같은 기능이 갑자기 어려워질 수 있어요. 뇌는 손상된 세포가 스스로 회복하기 어렵기 때문에 빠른 치료가 무엇보다 중요해요.

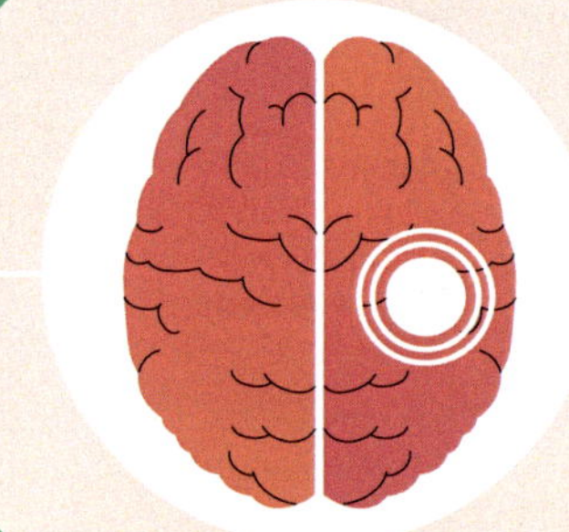

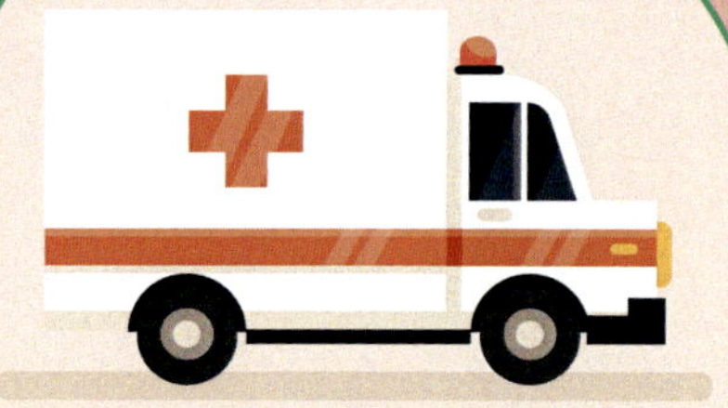

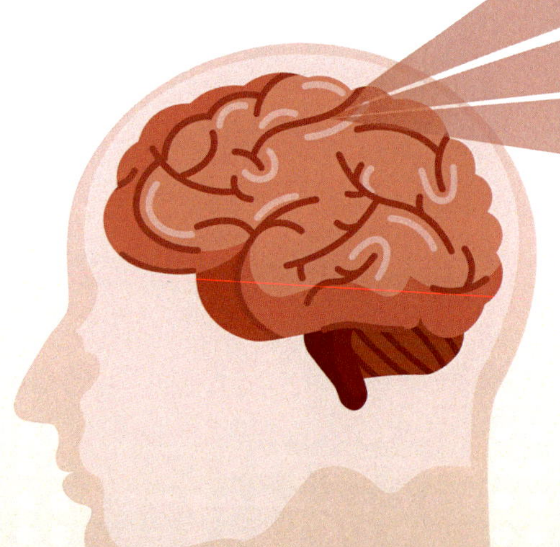

Brain Health Clinic

뇌출혈은 뇌혈관 벽의
약한 부분이 터져 출혈이
생김으로써 발생하는
뇌혈관 장애다.

뇌출혈

F.A.S.T 검사

F.A.S.T. 검사는 뇌졸중의 초기 징후를 빠르게
진단하는 간단한 체크 방법이에요.

F(Face): 한쪽 얼굴이 처지지 않았나요?
A(Arms): 양팔을 똑같이 들 수 있나요?
S(Speech): 말이 어눌하거나 이상하지 않나요?
T(Time): 위와 같은 증상이 있다면 지체하지 말
고 3시간 안에 병원으로!

뇌졸중은 시간과의 싸움이기 때문에 이 네 가지
항목을 기억해두면 위급한 상황에서 생명을 구
할 수 있어요.

뇌출혈의 주요
원인 중 하나

뇌동맥류

뇌동맥류는 뇌에 혈액을 공급하는
동맥의 혈관벽이 약해져 부풀어
오른 상태를 말한다.

심각한 뇌출혈과
심한 두통, 의식 저하,
신경학적 이상 등을 일으키며
사망에 이를 수도 있다.

뇌경색

뇌경색은
뇌혈관이 막혀 뇌의 일부가
손상되는 질환이다.

혈관이 막히면
뇌세포가 필요한 산소와
영양분을 공급받지 못해
괴사하게 된다.

증상은 갑자기 발생하며,
팔다리 마비, 언어 장애,
어지럼증 등이 있다.

뇌건강 클리닉

이번엔 뇌가 몸과 마음을 조절하는 데 이상이 생긴 경우를 집중적으로 살펴볼 거예요. 움직임이 불편해지는 퇴행성 뇌질환, 파킨슨병부터 생각과 감정을 뒤흔드는 우울증과 조현병의 원인과 증상을 함께 살펴봐요.

파킨슨 병

파킨슨 병은 도파민이 줄어들어 몸 움직임을 조절하는 기능에 문제가 생기는 뇌질환이다.

퇴행성 질환이지만 누구에게나 발병 위험이 있다.

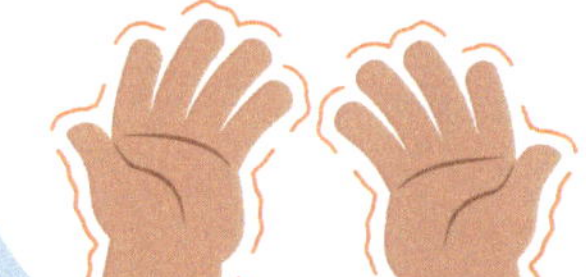

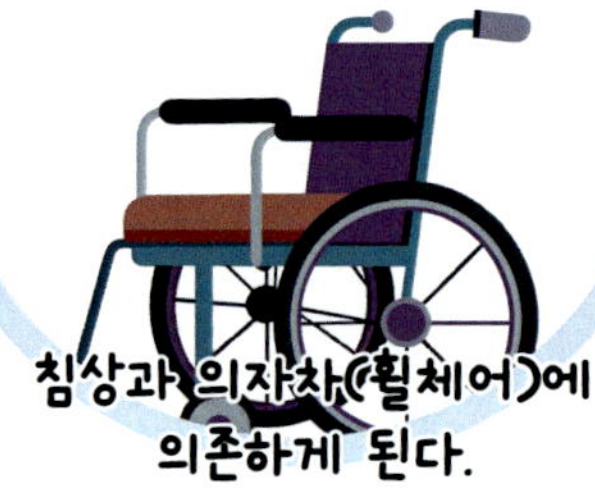

퇴행성 뇌질환, 파킨슨 병

파킨슨병은 뇌 속에서 도파민을 만드는 세포가 손상되거나 사라져서, 몸을 움직이는 데 필요한 신호가 제대로 전달되지 못하는 퇴행성 뇌질환이에요. 손이 떨리거나 근육이 뻣뻣해지고, 움직임이 느려지는 등의 문제가 나타나요. 글씨가 점점 작아지는 소서증도 대표적인 증상이에요. 완치는 어렵지만, 약물 치료와 꾸준한 운동으로 증상을 잘 조절할 수 있답니다.

Brain Health Clinic

해마의 기능이 약해지고
세로토닌과 노르에피네프린이
줄어들면 감정을 조절하기
어려워진다.

우울증의 주요증상은
우울, 의욕저하, 자책
등이다.

세로토닌과
노르에피네프린이
뇌 속에 더 오래 머무르게
해주면 기분이 점점
좋아질 수 있어요.

정서, 사고성 뇌질환

우리 뇌는 기분과 생각을 조절하는 여러 신호로 서로 소통해요. 하지만 이 신호가 흐트러지면 정서나 사고에 영향을 주는 병이 생길 수 있답니다. 대표적인 예가 우울증과 조현병이에요. 우울증은 세로토닌과 노르에피네프린 같은 물질이 줄어들어 기분이 가라앉고 의욕이 사라지는 병이에요. 조현병은 도파민 신호가 너무 강하게 작용해서 생각이 복잡해지고 현실과 상상이 뒤섞이기도 해요. 두 뇌질환을 어떻게 하면 잘 극복할 수 있을까요?

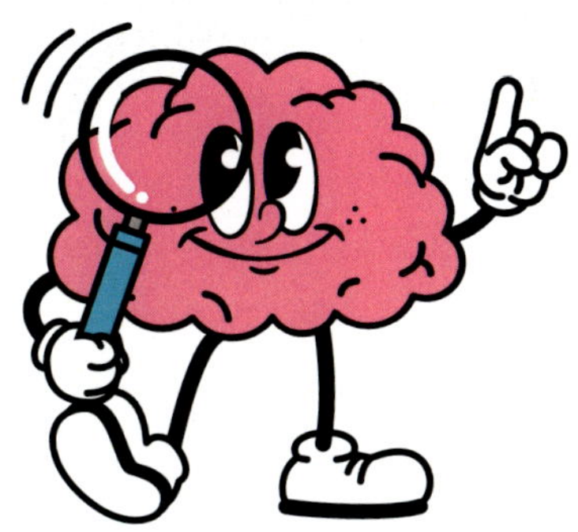

전두엽 기능이 약해지고 도파민이
너무 과다하게 작용하면
뇌의 신호가 혼란스러워진다.

조현병의 주요증상은
환청, 망상 등이다.

도파민이 지나치게
작용하지 않도록 D2 수용체를
조절하는 약으로 치료할 수 있어요.

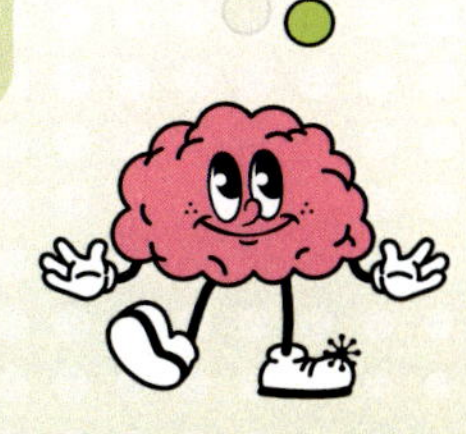

"

뇌와 컴퓨터의 융합(BCI)

뇌와 기계가 연결된다구?
상상 속에 있었던 미래 세계가 현실로 다가오고 있는 것 같아요. 우리의 뇌 신호를 인식하는 컴퓨터 기술을 두루 살펴봐요.

N1 (뉴럴링크)

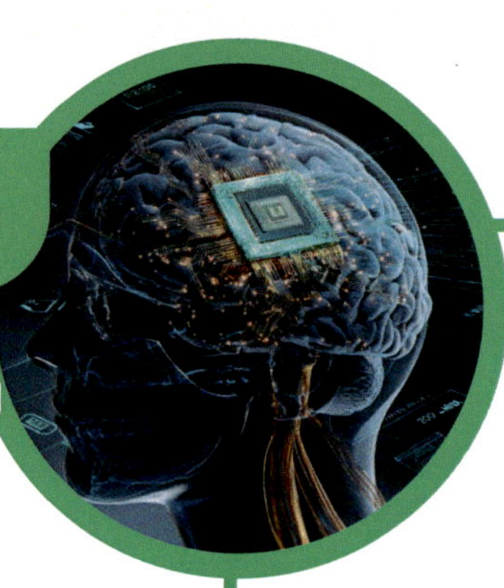

두개골 안쪽 뇌 표면에 아주 작은 전극 칩을 심어 뇌의 신호를 직접 읽고 컴퓨터로 보낸다.

장점:
뇌 신호를 아주 정확하고 빠르게 읽을 수 있다.

단점:
두개골을 열어야 하고, 뇌에 칩을 부착하는 큰 수술이 필요하다.

스텐트로드 (싱크론)

뇌혈관 안에 가느다란 스텐트형 수신기를 삽입한다.

수신기가 뇌 신호를 수집하고 가슴팍의 송신기로 연결한다.

장점:
큰 수술 없이 혈관을 통해 쉽게 삽입이 가능하다.

단점:
뇌혈관에서 신호를 수신하기에 뉴럴링크보다는 신호의 세밀함이 낮을 수 있다.

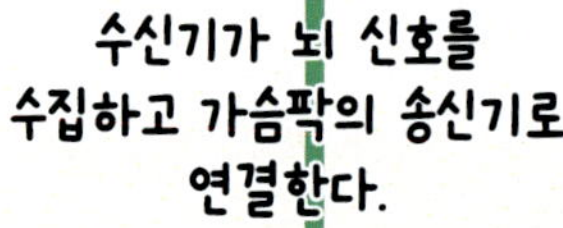

Brain-Computer Interface

BCI (Brain-Computer Interface)

BCI는 '뇌-컴퓨터 인터페이스'의 줄임말로, 우리의 뇌파를 컴퓨터가 읽고 해석하여 기계나 장치를 제어하는 기술이에요. 말을 하지 않아도, 몸을 움직이지 않아도, 뇌의 생각만으로 로봇팔을 움직이거나 컴퓨터 화면을 조작할 수 있죠!
현재 적용되는 BCI 기술은 어떤 분야가 있는지 볼까요?

근전도 전자의수

움직일 때 팔이나
몸의 근육에서 나오는
미세한 전기신호(EMG)를
읽는다.

장점:
수술 없이 사용 가능하고,
비교적 빠른 속도를 보인다.

단점:
뇌가 근육으로 보낸 신호만
이용하기에 세밀한 조작이 어렵다.

뇌파 측정기

머리에 뇌파(EEG)를
감지하는 센서를
착용한다.

장점:
착용만으로 바로 사용할 수
있어 안전하다.

단점:
뇌 신호가 약해 주변 잡음에
영향을 쉽게 받는다.

사람이 만든 뇌

미래에는 뇌 연구가 어디까지 발전할까요?
사람이 만든 '작은 뇌 모델', 뇌 오가노이드와 디쉬 브레인을 같이 알아봅시다.

우리 몸의 다양한 세포로
자랄 수 있는 특별한 세포

줄기세포

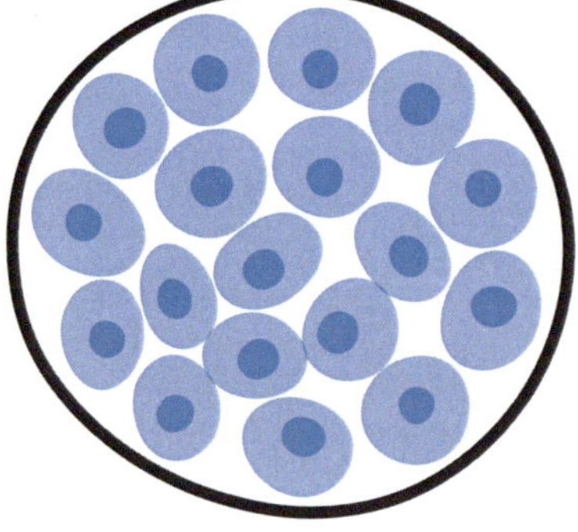

뇌 오가노이드,
디쉬브레인 모두
줄기세포에서 자라난
뇌세포 덩어리다.

줄기세포를 잘 배양하면,
뇌 오가노이드처럼 특정 기관을 닮은
미니 장기를 실험실에서 만들 수 있다.

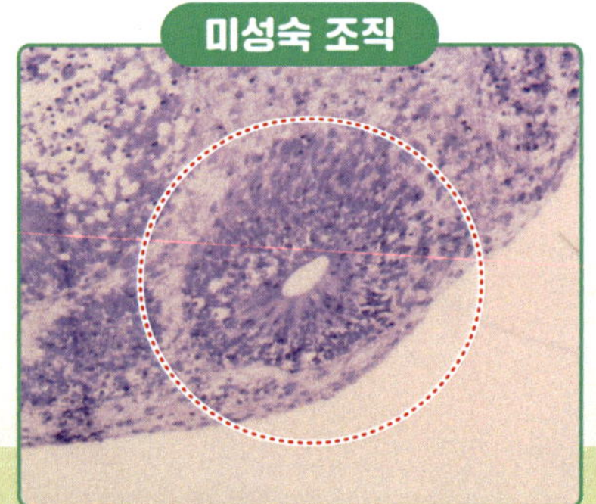

미성숙 조직

꽃모양으로 배열된
초기 신경세포 구조

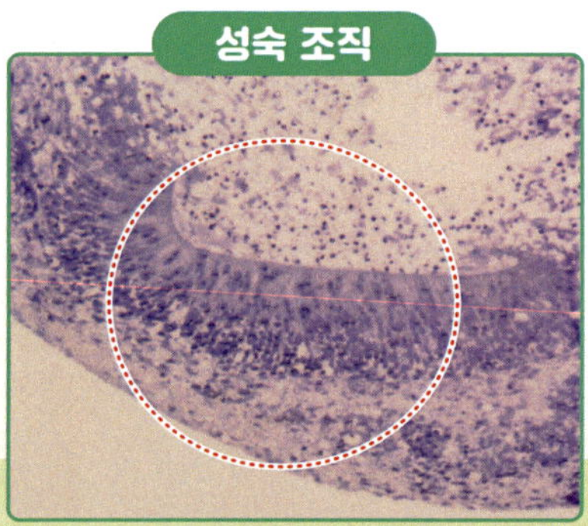

성숙 조직

성숙한 신경세포들이
뇌의 피질처럼 층을 이룬 모습

[제공]

Brain Organoids & Dishbrain

뇌 오가노이드는 줄기세포를 배양해 만든 작은 뇌 조직이에요. 크기는 작지만, 실제 뇌처럼 신경세포들이 서로 연결되어 자극에 반응할 수 있답니다. 이 작은 뇌는 뇌질환 연구와 약물 실험에 활용되고 있지요.

디쉬브레인은 실험 접시(dish) 위에 배양된 뉴런 집단이 스스로 활동하며 자극에 반응하는 시스템이에요. 이 뉴런들이 스스로 정보를 처리하고, 간단한 게임을 학습한다는 연구 결과도 있답니다. 뇌처럼 작동하는 바이오 컴퓨터 연구에도 활용되고 있어요!

의학의 미래를 여는 뇌 오가노이드

- 줄기세포를 입체적으로 배양한 미니 장기 (Organoid)
- 사람 뇌의 초기 발달 과정을 관찰할 수 있다.
- 동물 실험을 대신해서, 사람 뇌에 딱 맞는 약을 실험할 수 있다.
- 크기는 3~5mm (최대 1cm) 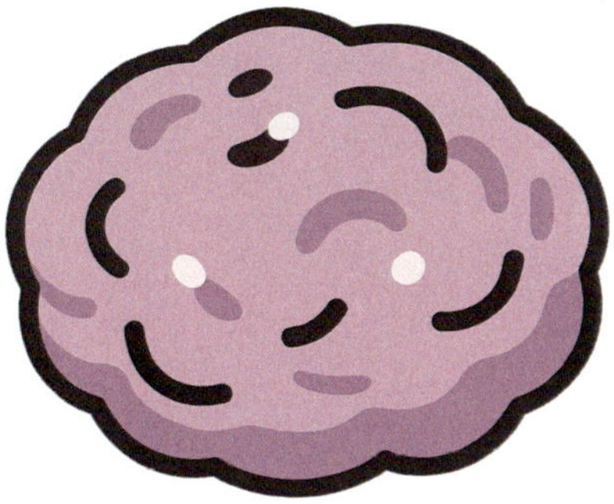
- 뇌와 달리 주름이 없고 둥글고 매끄럽다.
- 감정, 기억은 없지만 뇌세포들이 스스로 전기적 신호를 주고 받는다.
- 치매, 파킨슨병 등 치료법을 찾고있는 뇌질환 원인 연구에 활용된다.

살아있는 컴퓨터를 꿈꾸는 디쉬브레인

- 뇌를 모방한 초절전 브레인 컴퓨터를 개발할 수 있다.
- 외부 자극을 학습하고 반응할 수 있다.
- 전극 칩(Dish) 위에 펼쳐진 평면 신경세포(Brain) 네트워크
- 생물학적 뇌로 사람처럼 생각하는 인공지능을 개발할 수도 있다.

뇌+컴퓨터=?

바이오컴퓨터는 살아있는 뇌세포를 이용해 정보를 처리하는 미래형 기술이에요.
기존 컴퓨터보다 훨씬 적은 에너지로 스스로 배우고 적응할 수 있는 점이 특징이랍니다. 뇌와 컴퓨터의 장점을 합친 이 기술은 인공지능과 뇌 연구에 새로운 길을 열어젖히고 있어요.

뇌 오가노이드를 활용한 바이오컴퓨터

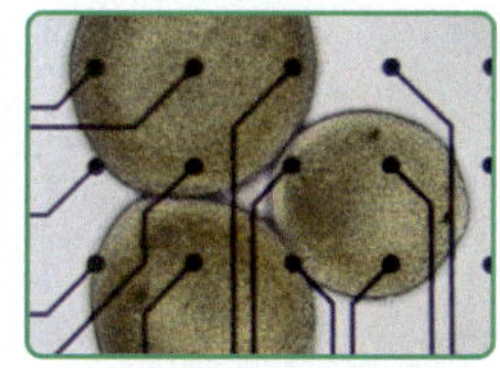

뇌 오가노이드 덩어리를 센서 칩 위에 올린다.

뇌 오가노이드가 발생시킨 신호를 읽고 처리한다.

[출처] FinalSpark

뇌를 돕는 인공지능

앞으로 뇌과학은 AI와 손을 잡고 더욱 빠르게 발전할 전망이에요. AI는 수많은 데이터를 분석해서 새로운 치료법을 찾거나, 우리 뇌를 더 잘 이해하는 데 놀라운 통찰을 주고 있답니다.

우리 곁의 든든한 친구

치매 예방부터 일상까지, AI 로봇이 함께해요

긴급 호출 및 신고, 알람 등록, 동작 제어, 치매예방 프로그램 등

AI 로봇은 긴급한 상황에서, 또 일상에서 활용가능한 우리 곁의 든든한 친구가 되어준다.

빠르고 다재다능한 예술가

이미지, 영상 등 다양한 스타일의 아이디어를 예술 작품으로 생성해요

다양한 스타일로, 여러 아이디어를 기반으로 한 예술이 AI를 통해 가능하다.

이미 단순한 모방을 넘어 인간 평균 이상의 창의성과 예술적 결과물을 만들어내는 중이다.

인공지능은 이제 뇌과학 연구와 우리의 일상 속에서도 빠르게 활약하고 있어요.
뇌를 촬영하는 MRI 장비에는 AI 기술이 더해져, 더 정밀하고 빠른 분석이 가능해졌어요.
또 사람의 시각 방식을 본떠 이미지를 만들어내는 AI는 예술과 디자인 세계에서도 멋진 작품을
만들어내고 있죠. 사람의 얼굴 표정이나 움직임을 인식하는 AI 로봇은 감정을 연구하거나 치료
를 돕는 친구로 쓰이기도 해요. 뇌를 본떠 만든 AI 영상 인식 기술은 자율주행차, 보안, 의료 등
여러 분야에서 마치 사람처럼 주변을 판단하며 점점 더 똑똑해지고 있답니다.

지치지 않는 **보안 관리자**

대량 데이터의 실시간 처리 및 높은 정확도로
출입 통제, 침입 감지, 범죄 예방이 확실해요!

AI 영상 인식 시스템은 CCTV 등
감시 영상에서 빛을 발한다.

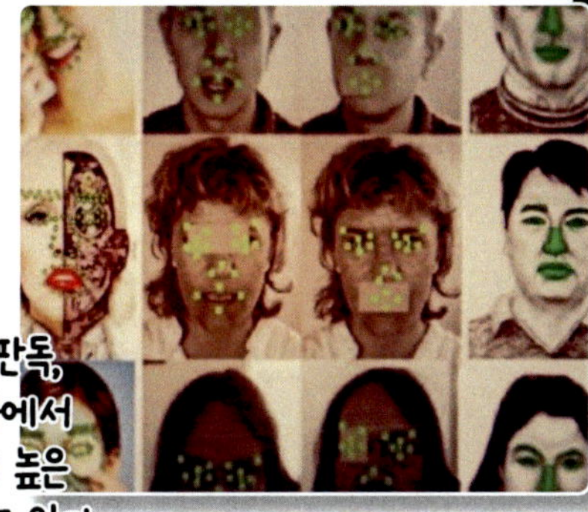

의료 영상 판독,
보안 감시 등에서
인간보다 더 높은
정확도를 보이고 있다.

사람, 차량, 이상행동 등을 실시간으로 탐지해
반복적이고 대량의 이미지를 빠르고 정확히 처리하며
인간과 달리 피로도가 쌓이지 않기에,
보안과 감시 업무의 핵심 도구로 자리잡고 있다.

똑똑한 **뇌건강 지킴이**

데이터 분석하여 뇌 질환을 조기 진단, 예측하고
딥러닝 기술로 미세한 뇌 변화까지 감지해요

MRI, CT 등 뇌 영상 데이터를 분석해
뇌 질환을 조기에 진단하는 데도
AI가 활용되고 있다.

뇌파를 실시간으로 분석해
환자의 상태를 바로바로
감지할 수 있다.

뇌 속 신호와 단백질 패턴, 뇌파를 분석해
환자가 느끼는 통증의 강도까지 판별할 수 있다.

전시현장

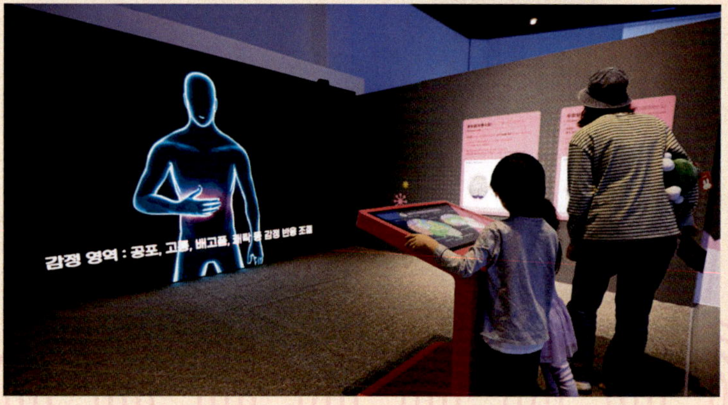

골때리는 뇌과학
전시 보러가기

같은 그림을 찾아보세요. 누가 더 빨리 맞출까요?
승리했어요!

신경전달물질과 호르몬
Neurotransmitters and Hormones

뇌파로 그리는 세상
A World Drawn by Brainwaves

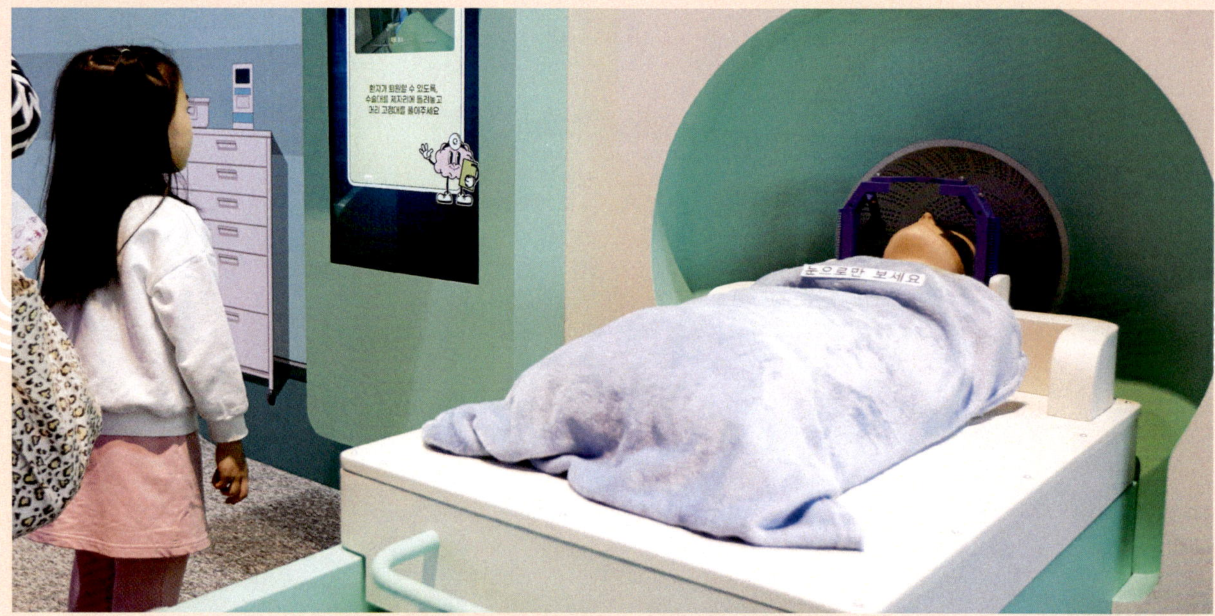

환자가 퇴원할 수 있도록,
수술대로 찌지리본 둘러놓고
코리 고정대를 붙여주세요
눈으로만 보세요

brain
science
NOID

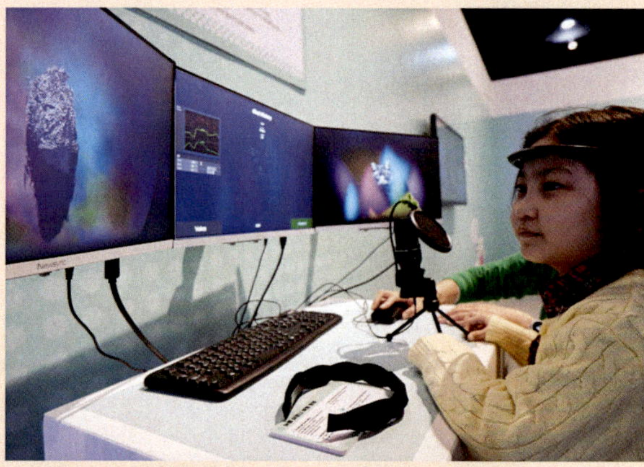

반별 시간
매트릭스

0:25
지구촌 집짓기

골때리는 뇌과학

브레인그램
Braingram
좋았던 전시 주제 ~
#국립대구과학관
#골때리는뇌과학
#브레인그램

참고 문헌

1. 매튜 코브, 『뇌 과학의 모든 역사』, 브레인미디어, 2021.

2. 김대식, 『이상한 나라의 뇌과학』, 문학동네, 2015.

3. 샘 킨, 『뇌과학자들』, 해나무, 2016.

4. 박문호, 『그림으로 읽는 뇌과학의 모든 것』, 휴머니스트, 2013.

5. 장이브 뒤우, 『작지만 큰 뇌과학 만화』, 김영사, 2022.

6. 이자벨 미뇨스 마르틴스·마리아 마누엘 페드로자(글), 마달레나 마토주(그림),
   『꿈틀꿈틀 마음이 열리는 뇌 과학』, 우리학교, 2024.

7. 박문호, 『박문호 박사의 뇌과학 공부』, 김영사, 2017.

8. 유윤한, 『궁금했어, 뇌과학』, 다산어린이, 2020.

9. 김성화·권수진, 『미래가 온다, 뇌 과학』, 와이즈만BOOKS, 2019.

10. 유윤한(글), 이정태(그림), 『눈이 뱅뱅, 뇌가 빙빙』, 다산어린이, 2019.

11. 장동선, 『뇌 속에 또 다른 뇌가 있다』, arte, 2017.

12. 어익수 외 7인, 『알고 보면 쓸모 있는 뇌과학 이야기』, 콘텐츠하다, 2018.

13. 제임스 굿윈, 『건강의 뇌과학』, 현대지성, 2022.

14. 웬디 스즈키, 『체육관으로 간 뇌과학자』, 북스힐, 2022.

15. 손유리, 『평생 젊은 뇌』, 책이라는신화, 2023.

16. 리타 카터, 『DK 인간의 뇌(The Brain Book)』, 김영사, 2020.

17. 강효석, 『중·고령자 진료를 위한 뇌영상 아틀라스 두부 영상 Brain Imaging』,
   사이언스북스, 2021.

18. 라훌 잔디얼, 『내가 처음 뇌를 열었을 때』, 웅진리빙하우스, 2022.

19. 임창환, 『뇌를 바꾼 공학, 공학을 바꾼 뇌』, MID, 2023.

20. 임창환, 『뉴럴링크』, 동아시아, 2024.

21. 이상완, 『인공지능과 뇌는 어떻게 생각하는가』, 솔, 2022.

참고 사이트

한국뇌연구원(kbri.re.kr)

기초과학연구원(ibs.re.kr)

과학기술지식인프라 사이언스온(scienceon.kisti.re.kr)

전시와 본서 출간에 참여한 사람들

국립부산과학관 실장 **권수진**
　　　　　연구원 **김재현**

국립대구과학관 실장 **이재훈**
　　　　　연구원 **서혜원**

국립광주과학관 실장 **신경은**
　　　　　연구원 **윤은지**

전시와 본서 출간에 참여한 기관

(주) 지아이웍스
한국뇌연구원
오가노이드사이언스
호두랩

초판 1쇄 2025년 11월 27일
지 은 이 국립부산과학관

제작유통 ㈜호밀밭 homilbooks.com
출판등록 2008년 11월 12일(제338-2008-6호)
부산광역시 수영구 연수로357번길 17-8
T. 051-751-8001

ISBN 979-11-6826-245-4 (03470)